브초 가족의 유쾌한 화학 생활

• 과학이 재밌어지는 화학의 33가지 비밀들 •

브초 가족의
유쾌한
화학 생활

이광렬 지음 | 김병윤 김태경 정보 글
애슝 그림

김영사

차례

작가의 말　슬기로운 화학 생활로의 초대　　6
시작하는 글　블루베리가 무섭다고?　　8

1장 거실, 편안한 화학 수다

개도 자일리톨 껌을 씹을 수 있을까?　　14
산소수, 수소수, 탄산수 잡는 트림　　20
상처 나면 소독약을 발라야 할까?　　25
집 안에 폭발물이 있다고?　　31
제습왕 제올라이트　　38
복사기에서 오존이 생긴다고?　　44
정전기의 탄생　　50
노트북 리튬 배터리가 터지는 이유　　56
산과 염기의 운명적인 만남　　62
원자들의 사랑과 전쟁　　66

2장 화장실, 유용한 화학 수다

락스, 알면 무섭다고?　　74
배수관의 기적　　79
당신의 자외선 차단제는?　　83
효소는 빨래 담당　　90
겨드랑이 냄새, 도망쳐!　　94

3장 주방, 맛있는 화학 수다

친구 따라 강남 가는 과일과 채소　　　　102

통조림 속 EDTA의 정체는?　　　　106

당근은 기름에 볶으라고?　　　　110

양념갈비는 누가 훔쳐 갔을까?　　　　116

빵 먹고 취할 수 있을까?　　　　120

하버드 대학의 귀리 예찬　　　　123

폭탄이 된 물방울　　　　128

검게 변한 은수저 되돌리기　　　　133

사과 주스 색이 왜 이래?　　　　138

라면 먼저? 스프 먼저?　　　　143

먹는 콜라겐, 효과 있을까?　　　　148

4장 식탁, 즐거운 화학 수다

미지근한 음료수를 차갑게!　　　　156

정수기 물통의 진실　　　　161

신장결석을 부르는 음식 습관　　　　166

컵라면의 역습　　　　173

전 이거 먹고 살 뺐어요.　　　　178

먹어도 살이 안 찌는 탄수화물　　　　182

효소는 조립 로봇　　　　187

마치는 글　　　화학과 생명　　　　192

슬기로운
화학 생활로의 초대

많은 사람이 어둠을 무서워합니다. 지금은 우리 조상들의 생명을 위협했던 호랑이나 표범이 어둠 속을 어슬렁거리지도 않는데 말이지요. 그리고 지금까지 어느 누구도 유령이나 귀신의 존재를 증명한 적이 없지만, 어둠 속에서 이러한 존재들이 튀어나올까 봐 무서워하는 사람도 꽤 있습니다. 물론 어둠은 도둑이나 강도가 활동하기 좋은 배경이 되어 주기는 하니까 사람들이 어둠을 무서워하는 데 정당한 근거는 있는 셈이지요.

이와 마찬가지 이유로 또 많은 사람이 '화합물'을 두려워합니다. 우리 주변에 없는 호랑이, 표범, 귀신 그리고 실제로 어둠에 도사릴 수 있는 강도를 구분하지 않고 막연히 어둠을 무서워하듯, 많은 사람이 그 실체를 제대로 파악하지 않은 채 '화학'이나 '화합물'을 무조건 무서워합니다. 그래서 '화학 성분이 없는 천연 성분으로 이루어진 화장품', '화합물 무첨가 식품'과 같은 광고 문구에 참 쉽게 현혹됩니다.

생명 자체가 화합물로 이루어져 있고 생명이 살아가기 위해 하는 모든 과정이 화학반응입니다. 또한, 우리가 음식으로 섭취하고 몸에 바르는 그 무엇도 화합물이 아닌 것이 없습니다. '화합물'을 거부한다면 우리 자신의 생명 자체를 거부하는 것과 같은 셈입니다. 물론 '인공 합성 화합물'과 '천연 화합물'을 구분하며 천연 화학물을 선호하는 사람도 있습니다. 그런데 인공 합성 화합물인 비타민 C, 타이레놀, 갑상선 호르몬은 우리를 아프지 않게 하지만, 총 천연 화합물인 석면, 유기 수은, 복어 독, 피마자 껍질 성분인 리신은 우리를 아프게 하고 심지어 죽일 수도 있습니다. 그러므로 인공과 천연을 구분하는 것보다 우리를 아프게 하거나 생명을 위협하는 화합물, 또는 건강에 좋은 화합물이 무엇인지를 아는 것이 훨씬 더 중요하지 않을까요?

이제는 무차별적인 '화학 공포증'에서 벗어나 분명한 이유에 따라 '유독 물질'을 선별하고 그것을 기피해야 합니다. 그리고 어느 정도의 화학 지식은 훨씬 더 건강한 생활과 현명한 경제 활동에 분명한 도움이 될 것입니다.

이제 브로콜리와 초고추장이라는 두 주인공의 시각을 통해 우리 일상에서 흔히 만나는 화합물들과 그들의 성질에 대해 알아보겠습니다. 환상의 '케미'를 자랑하는 브로콜리와 초고추장의 수다를 듣다 보면 어느새 화학을 전공하는 대학교 1학년생 이상의 지식을 가진 '화잘알'이 되어 있는 자신을 발견할 수 있을 것입니다.

여러분을 '브초 가족'의 슬기로운 화학 생활로 초대합니다. 어서 오세요. 환영합니다.

이광렬

블루베리가 무섭다고?

#화학 #분자 #화합물 #화학반응 #화학언어

내가 방금 이야기한 화학 성분들 이름이 바로 블루베리의 성분들이야. 블루베리 안에는 방금 이야기한 것보다 훨씬 많은 종류의 화합물들이 있어.

 블루베리라고 하면 입맛이 도는데 화합물 이름을 하나씩 이야기하니까 무섭네. 먹으면 큰일 날 것 같아.

 아마 대부분 똑같은 반응을 할 거야. 우리는 매일 화합물을 먹고 마셔. 우리 몸속에서도 수많은 화학반응이 일어나고 있지. 그런데 화학이라고 하면 다들 무서워해. 뉴스에서는 하루가 멀다고 "화학 공장에서 사고가 나서 인명 피해가 발생했습니다" "어떤 약품 때문에 건강에 문제가 생겼습니다" 같은 이야기가 나오고 말야. 하지만 "홍길동이라는 사람이 오늘도 과당을 섭취하고 아미노산을 먹으면서 아주 행복하고 건강한 하루를 보냈습니다"라는 뉴스는 볼 수 없잖아.

 그렇네.

 내가 하고 싶은 말은 괜히 화학에 겁먹을 필요가 없다는 거야. 조금만 용기를 내서 화학의 언어를 배우면 제품 라벨에 있는 다양한 구성 성분을 읽을 수 있어. 그 용도를 이해할 수 있으니 좀 더 똑똑한 소비자가 되고 더 건강한 삶을 살게 되겠지.

사실은 나도 제품 라벨 뒷부분에 있는 내용이 궁금하긴 한데 너무 어려워 보여서 포기했어. 화학은 왜 그렇게 어려운지 몰라. 시험지를 덮자마자 다 잊어 버린다니까.

 집 안을 둘러봐. 거의 대부분의 물건이 인공합성 화학 제품을 포함하고 있고, 냉장고에도 음식이라는 화합물들의 집합체가 들어 있어. 화장실이랑 부엌에는 다양한 청소용 화학 제품들이 있잖아. 매일 얼굴과 몸에 바르는 화장품도 너무나 다양하고, 약장을 열면 영양 보충제며 해열제, 그리고 병원에서 지어 온 약들로 넘쳐. 이렇게 화합물들로 둘러싸여 있는데 이것들이 좋은 것인지, 나쁜 것인지, 어떻게 사용하면 더 좋고, 뭘 섞으면 위험한지 알면 좋지 않겠어?

 화학 문맹에서 탈출하자는 거지?

 그렇지!

 오케이. 그럼 우리 브로콜리 님께서 화학의 모든 것에 대해 설명해 주시기 바랍니다.

 그럼, 준비됐나요~?

 네네. 선생님!

1장

거실,
편안한 화학 수다

개도 자일리톨 껌을 씹을 수 있을까?

#당알코올 #자일리톨 #저혈당쇼크 #에틸렌글리콜 #부동액

 그런데 자일리톨이 대체 뭐야? 껌 이름인 줄 알았는데, 요즘에는 설탕 포장에서도 많이 보이더라.

 자일리톨은 당알코올의 일종인데, 설탕처럼 단맛이 나서 감미료로 많이 쓰여. 열량이 1그램당 2.4킬로칼로리밖에 되지 않은데도 달아서 껌 성분으로 좋지.

🔵 당알코올? 그럼 자일리톨을 많이 먹으면 취해?

🔵 이름 때문에 헷갈리지? 당알코올은 많이 먹어도 취하지 않아. 그냥 살만 쪄. 탄소 원자에 −OH(산소와 수소가 결합한 수산화기)가 붙어 있으면 알코올이라고 이름을 붙이거든. 먹으면 죽는 메탄올methanol(CH_3OH)도 알코올이고 마시면 취하는 에탄올ethanol(CH_3CH_2OH)도 알코올이야.

🔵 그렇구나. 근데 자일리톨 껌을 씹으면 왜 충치 예방에 좋은 거야?

🔵 우리 입 속에는 글루코오스를 먹고 사는 균들이 살아. 사탕을 많이 먹는 어린아이들이 충치가 생기는 이유는 치아에 끼어 있는 설탕을 먹고 증식을 하는 균이 산성 물질을 내놓아서 그래. 치아는 산성 조건에서 부식이 되잖아. 치아가 부식되어 구멍이 뚫리는 게 충치지.

🔵 그런데?

🔵 이 충치 유발균은 자일리톨을 소화하지 못해. 자일리톨에는 단맛이 난다고 한 거 기억나? 균들이 단맛에 혹해서 자일리톨을 먹으면, 자일리톨이 떡하니 균 안에 자리 잡고 움직이지를 않아. 그렇게 되면 배가 찬 균들이 글루코오스를 먹지 못해. 사람으로 치면 소화하기 힘든 섬유질만 잔뜩 먹고 배가 불러서 고기를 먹지 못하는 것과 같아. 뭐 사람은 다이어트가 되겠지만 균들은 굶어 죽는 거지.

🔵 오호! 그럼 밥 먹고 나서 바로 자일리톨 껌을 씹으면 되겠네. 거의 이를 닦는 수준이잖아.

🔵 효과가 있기는 하지만 이를 닦는 게 훨씬 좋아. 다만, 바빠서 식사 후에 이를 닦지 못할 때 자일리톨 껌 하나를 씹는 것은 아주 좋은 선택이야.

🔵 휘바, 휘바!

🔵 그런데 사실 당알코올은 꽤 여러 가지가 있어서 설탕 대체제로 많이 쓰여. 당알코올은 같은 질량의 설탕보다 열량이 상당히 적어서 다이어트를 하는 사람이나 혈중 당 수치를 조절하고 싶은 사람한테 꽤 쓸모가 있어. 하지만 기억할 것은 무설탕이라고 해서 열량이 없는 것은 아냐. 많이 먹으면 살쪄. 거기다 당알코올은 많이 먹으면 설사를 하는 경우가 있어.

🔵 인공감미료는 열량이 없다고 들었는데 당알코올은 열량이 있구나.

🔵 아차차. 꼭 이야기해야 하는 게 있었는데 까먹고 있었다.

🔵 뭔데?

🔵 자일리톨은 사람은 먹어도 아무 문제가 없지만 개는 먹으면 큰일 나. 개의 경우 자일리톨이 몸에 들어오면 설탕이 들어온 줄 알고 인슐린이 분비되기 시작해. 인슐린 수치가 높아지면 세포들이 핏속에서 열심히 글루코오스를 흡수해. 그러면 핏속에 당이 너무 적게 존재하는 저혈당 상태가 되지. 개 몸무게 1킬로그램당 0.1그램의 자일리톨이면 저혈당 쇼크가 올 수 있고, 0.5그램이면

간 기능이 완전히 파괴될 수 있어. 저혈당 쇼크가 심하면 목숨을 잃을 수 있어. 치와와 정도 크기의 개한테는 자일리톨 껌 하나도 굉장히 치명적이야.

(초) 헉! 개를 기르는 집에선 자일리톨 껌이 방바닥에 안 떨어지게 조심해야겠네.

(브) 탄소, 수소, 그리고 수산화기가 있다고 해서 모두 사람이 먹을 수 있는 것은 아니야. 소독약으로 쓰이는 메탄올이나 자동차 부동액으로 쓰이는 에틸렌글리콜ethylene glycol 같은 것은 먹으면 몸속에서 극독성의 대사 산물로 바뀌고, 얘네들이 몸속 여러 장기의 기능을 파괴할 수 있어. 희한하게도 수산화기가 여러 개 있는 화합물은 달달해. 달콤함 뒤에 칼을 숨기고 있는 녀석들이야.

$$H_3C-OH \qquad HO-\overset{H_2}{\underset{H_2}{C}}-\overset{}{C}-OH$$

메탄올(좌)과 에틸렌글리콜(우)

당알코올의 종류는 다양해

자일리톨xylitol은 짚, 과일 채소, 곡물, 버섯 등의 식물에서 얻어지며, '나무 설탕wood sugar'이라고 불리기도 해. 설탕과 거의 비슷한 정도의 단맛을 내기 때문에 껌과 사탕 등의 감미료로 가장 많이 사용되고 있어. 참고로 자일리톨의 분자 구조는 독수리를 닮았어.

만니톨mannitol 혹은 만나당은 설탕의 50~70퍼센트 정도의 단맛을 내. 소화기관에서 쉽게 흡수하지 못해서 맛만 내고 혈당을 높이지 않는 특성이 있어. 당뇨병 환자를 위한 식단의 감미료로 쓰이곤 하지. 그러나, 수산화기가 많은 당알코올이 늘 그렇듯이, 다량의 물을 머금는 특성이 있어. 그래서 많은 양을 복용하면 장에 오래 체류하며 삼투현상에 의한 설사와 탈수를 유발할 수 있지.

만니톨의 분자 구조

소르비톨Sorbitol은 설탕의 50퍼센트 정도의 단맛을 내며, 과일과 채소에서 얻을 수 있어. 만니톨과 마찬가지로 소화가 쉽게 되지 않아서 혈당 관리에 좋고, 만니톨보다는 설사를 덜 일으켜서 더 자주 사용돼.

소르비톨의 분자 구조

락티톨lactitol은 설탕의 30~40퍼센트 정도의 적은 단맛을 내서 식품 감미료로는 쓸모가 별로 없어. 하지만 당알코올 섭취의 부작용인 설사 유발 효과를 활용해서 배변을 돕는 용도로 사용되곤 해.

락티톨의 분자 구조

이소말트isomalt는 설탕의 절반 정도의 단맛을 내며 역시 소화가 쉽게 되지 않는 난소화성이라 혈당 수치에 영향을 주지 않아. 높은 온도로 가열해도 분해되지 않고, 물을 잘 흡수하지 않아서 딱딱한 막대 사탕 등에 자주 사용돼. 한 번에 20그램 이상 많은 양을 복용하면 배가 부풀어오르는 복부팽만과 설사를 일으킬 수 있어.

이소말트의 분자 구조

말티톨maltitol은 설탕의 90퍼센트 정도로 높은 단맛을 내서 주류, 음료, 초콜릿, 아이스크림 등 여러 곳에 사용되고 있어. 하지만 다른 당알코올에 비해서는 좀 더 흡수가 잘되는 편이고, 혈당 수치를 설탕의 60퍼센트 정도까지 높여서 당뇨 식단에는 적합하지 않아.

말티톨의 분자 구조

왜 어떤 당이나 당알코올은 우리 몸이 분해하지 못할까?

우리 몸에는 다양한 분해 효소가 있어. 당과 같은 물질이 들어오면 분해 효소가 이 화합물들을 붙잡고 끊어 내기 시작하지. 그런데 만약 당이나 당알코올의 구조가 분해 효소가 붙잡을 수 없는 형태라면, 이를 분해할 수 없어.

산소수, 수소수, 탄산수 잡는 트림

#기체용해도 #용존산소 #용존이산화탄소 #온도 #농도

 꺼어억!

 아이, 뭐야? 공룡이야?
트림이 나올 때는 입 가리고 조그맣게!

🔵 호호. 콜라를 마시면 어쩔 수 없잖아. 콜라가 뱃속에 들어가서 온도가 올라가면 물에 대한 이산화탄소 용해도가 떨어지니까.

🔴 갑자기 무슨 소리야? 이산화탄소 용해도라니?

🔵 기체 용해도는 기체가 물과 같은 액체에 녹아 있는 정도를 말해. 온도가 높아지면 기체 용해도가 낮아서 잘 못 녹아. 낮은 온도에서는 기체 용해도가 높아서 상대적으로 잘 녹고.

🔴 음, 그렇다면, 차가운 콜라가 온도가 높아지면 기체 용해도가 낮아지면서 액체에 녹아 있지 못하고, 그래서 이산화탄소가 분리되면서 김이 빠진다는 거지? 근데 어떤 원리로 그런 거야?

🔵 그건 물 분자와 기체 분자가 성질이 많이 달라서야. 물은 극성이고 기체 분자들은 무극성인 경우가 대부분이거든. 극성 분자와 무극성 분자들은 서로 별로 좋아하지 않는데, 탄산음료는 낮은 온도, 높은 압력으로 억지로 물과 이산화탄소를 같이 있게 한 거야. 낮은 온도에서는 이산화탄소가 운동에너지가 별로 없어서 기체로 덜 빠져나오지만, 높은 온도에서는 운동에너지가 커져서 물에서 탈출할 수 있거든.

🔴 그렇군. 서로 다른 기체 분자들은 그 구성이나 분자 구조가 다르잖아. 그러면 기체 종류마다 물에 녹아 있는 양도 다르겠네?

🔵 딩동댕! 기체 분자 자체가 질량이 크고 구조가 덜 대칭적일수록 물에 더 많이 녹아. 예를 들면 아주 가벼운 기체인 수소 기체는 정말 물에 적게 녹아. 산소 분자나 이산화탄소 분자나 둘 다 대칭적이지만 이산화탄소가 더 무거워. 그러면 당연히 산소가 덜 녹고

이산화탄소가 더 녹겠지? 아래 표를 한번 봐.

기체	용해도 (그램)
암모니아	52.9
이산화탄소	0.169
산소	0.0043
일산화탄소	0.0028
질소	0.0019
수소	0.00016

※1기압에서 100그램의 물에 녹는 기체의 양

🔵 앗! 수소는 물 100그램에 1그램의 1만 분의 2그램도 안 되게 녹는 거네. 산소는 1천분의 4그램이고. 헉, 그럼 수소수, 산소수 하는 것들은 뭐야? 아무리 압력을 높여 기체를 물에 녹여 두어도 병뚜껑을 여는 순간, 다 빠져나가겠네.

🔵 하하. 봉이 김선달 상술이지 뭐. 수소나 산소를 물에 녹여 먹는다는 것 자체가 말이 안 되지? 엄청나게 적은 양의 기체밖에 안 들어가는데, 그나마도 뱃속에 들어가면 기체로 탈출하지. 게다가 대체 수소하고 산소 기체가 우리 몸에 무슨 효능이 있다는 건지 알 수도 없고.

🔵 효과가 전혀 없다는 거야?

🔵 지금도 우리는 말을 하면서 산소를 들이마시고 있잖아. 공기의 거의 20퍼센트가 산소야. 그리고 수소 기체가 항산화 효과가 있어서 건강에 좋다면 난 그냥 비타민 C 한 알을 먹든지 레몬 주스를 마시겠어. 비타민 C나 시트르산의 항산화 효과도 이 분자들

에 달려 있는 수소 때문에 나오는 건데, 물에도 잘 녹고 효과도 좋아. 화학을 조금만 알아도 그런 상술에 넘어가지 않아.

🌱 그렇겠네. 근데 지구 온난화가 계속 이슈잖아. 온도가 높아지면 바닷물에 녹아 있는 이산화탄소 농도가 줄어드는 것 아냐? 공기 내 이산화탄소 농도는 더 높아지니까 온실가스 효과는 더 심해지고. 그러면 또 더 더워지고. 악순환 같은데?

🌏 맞아. 죽음의 소용돌이에 말려드는 거지. 조개, 산호 같은 애들은 탄산칼슘으로 껍데기나 산호 몸체를 만들거든? 그게 가능하려면 이산화탄소가 물에 많이 녹아 있어야 해. 이산화탄소는 물에 녹으면 탄산과 평형이 생겨서 탄산 이온이 생기는데 이것과 칼슘 이온이 만나서 탄산칼슘이 만들어져. 또 수생 식물들은 물에 녹은 이산화탄소를 이용해서 광합성을 하는데 이산화탄소가 부족해지면 식물이 잘 못 자라겠지.
바닷물 온도가 높아지면 녹아 있는 용존 산소의 양도 줄어들고, 바닷속 생물들도 살기가 어려워져서 결국 수많은 생물이 멸종하게 될 거야.

🌱 아, 진짜 끔찍하네. 어쩌지? 정말 몇십 년 안에 다 죽는 것 아냐?

🌏 정말 큰일이야. 이건 정말 전 세계가 힘을 합쳐서 해결해야 하는 문제인데 큰 나라들은 전쟁이나 일삼고 있고, 개발도상국이라는 나라들은 오염물질을 마구 뿜어대고 있으니 참 큰일이지.

고체와 기체의 용해도: 온도가 용해도에 미치는 영향

일반적으로 고체의 용해도는 온도가 높아질수록, 기체의 용해도는 온도가 낮아질수록 커져. '용해도 곡선'을 이용하면 특정 온도에서 일정량의 용매에 물질이 얼마나 용해될 수 있는지를 알 수 있어.

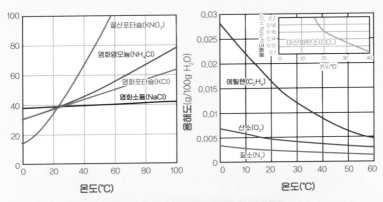

고체(왼쪽)와 기체(오른쪽)의 온도에 따른 용해도

석회석과 동굴의 형성

조개와 산호들은 탄산 음이온(CO_3^{2-})과 칼슘 양이온(Ca^{2+})을 모아서 탄산칼슘($CaCO_3$)을 만들어. 조개가 번성한 지역은 긴 세월이 지나 많은 탄산칼슘이 쌓여 석회석으로 된 지층이 생길 수 있어. 산성비가 스며들어 석회석이 많은 곳을 지나게 되면 석회석 성분인 탄산칼슘을 녹이면서 석회 동굴이 만들어지게 되는 거야.

상처 나면 소독약을 발라야 할까?

#소독약 #과산화수소수 #포비돈 #요오드 #하이드로콜로이드

 코로나 초기에 이란에서 코로나 바이러스를 죽인다며 메탄올을 먹고 죽은 사람이 525명이나 된대.

 헉! 메탄올? 그거 먹으면 엄청 위험하잖아? 그걸 모른다고?

🅑 메틸알코올이나 에틸알코올이나 알코올이면 다 똑같을 거라고 생각하는 사람이 은근히 많은 것 같아. 게다가 이란은 이슬람 국가라 음주가 금지되어 있기 때문에 쉽게 구할 수 있는 메탄올을 먹은 거고.

🅒 교육이 참 중요하지. 우리나라에선 과학 교육을 많이 시키니까 다들 잘 알고 있을 거라 믿어. 근데 알코올은 어떤 방법으로 세균을 죽이는 걸까?

🅑 알코올은 단백질에 있는 물 분자를 쫓아내고 그 자리에 대신 들어갈 수 있어서 단백질을 탈수시키고 변성시킬 수 있어. 세균의 세포벽이나 막을 변성시킬 수도 있고, 세포 내에 있는 단백질을 변성시켜서 세균 세포가 정상적으로 작동하지 못하게 해서 죽이지.

🅒 그럼 알코올을 쓰면 뭐든 깨끗하게 살균할 수 있는 거야?

🅑 그러면 얼마나 좋겠어? 알코올은 그람 양성 및 음성균 같은 세균뿐 아니라 결핵균까지 잘 죽이지만, 세포막에 작용하기 때문에 외벽이 없는 바이러스에는 살균 효과가 크지 않아. 엄청나게 자극성이 강해서 손상된 부위에 알코올을 뿌리면 엄청 아프지. 주사를 놓기 전에 손상되지 않은, 얼굴을 제외한 건강한 피부를 닦아내거나 의료용 도구를 소독하는 데 적절한 소독제야.

🅒 음, 그럼 과산화수소는 어떤 방법으로 세균을 죽여? 이것도 약국에서 팔잖아.

🅑 과산화수소는 혈액, 조직, 고름 등에 있는 철분과 만나면 강력한 산화제인 활성 산소종으로 변하는데, 이게 주변에 있는 생체 물

질을 다 죽여. 세균이나 사람 세포 가리지 않고 말이야. 그런데 워낙 침투성이 높아서 상처로 스며들어 피부 깊숙이 있는 멀쩡한 세포까지 다치게 할 수 있어서 요즘에는 잘 쓰이지 않아. 유난히 따갑기도 하고 말이야. 그래도 어쩔 수 없이 쓸 때가 있는데 상처에 고름과 피가 뒤범벅되어서 어디가 어딘지 구분하기 어려울 때 고름과 피로 엉긴 것을 제거하기 위해 사용해.

🌑 오호! 그렇군. 그럼 마지막으로 하나만 더! 빨간약은 어떻게 세균을 죽이는 거야? 그리고 언제 쓰면 좋아?

🌑 빨간약? 아, 포타딘(포비돈 요오드)이라고 말하는 약 말이지? 요오드도 산화력이 아주 좋아서 세포의 다양한 부위의 결합을 다 깨 버려. 세포벽, 세포막, 세포질을 가리지 않고 파괴해서 세균, 진균, 바이러스도 다 죽일 수 있어. 게다가 증발하고 나면 소독력이 사라지는 다른 소독제와 달리, 빨간약은 말라붙은 뒤에도 소독력이 지속되어서 상처를 세균으로부터 계속 보호할 수 있어. 근데 이것도 세균뿐만 아니라 정상 세포도 죽일 수 있어 상처가 낫는 데 방해가 될 수 있고, 또 그 부위의 색이 변해서 얼굴에는 안 쓴대.

🌑 그렇구나. 그럼 가벼운 찰과상이 생겨서 피가 날 때는 어떻게 하는 게 제일 좋을까? 이건 뭐 방금 말한 소독약은 아무것도 쓰지 말라는 것 같은데?

🌑 실제로 가장 좋은 방법은 깨끗한 천이

소독용 과산화수소수와
포비돈 요오드

나 붕대로 지혈을 해서 피를 멈추고 멸균 식염수, 생수 같은 것으로 상처 부위를 씻어 내고 드레싱을 하는 거야. 괜히 요오드나 연고를 바르면 상처 치료가 더 늦어질 수 있대. 진물이 많이 나오면 폼 드레싱을 하고 그렇지 않으면 하이드로콜로이드 드레싱을 하면 좋아.

🔘 근데 브로콜리는 의사도 아닌데 어떻게 그렇게 잘 알아?

🔘 내가 어떻게 이걸 미리 다 알고 있었겠어? 지난번에 자전거 타다가 넘어져서 무릎 심하게 까진 적 있잖아. 그때 병원 가서 이것저것 물어보면서 의사를 엄청 괴롭혔지.

🔘 아이구, 이 브로콜리야.

찰과상이 생겼을 때 어떻게 소독하는 게 가장 좋을까요?

찰과상은 마찰에 의해 피부 표면에 상처가 생기는 것을 말해. 흔히 "까졌다"고 하는 거지. 이럴 때는 지혈, 세척, 드레싱 순서로 치료하면 좋아.

지혈은 소독 거즈나 깨끗한 천으로 상처 부위를 덮고 손으로 5분에서 10분 정도 직접 압박을 가하는 식으로 해. 지혈제나 연고를 쓰면 상처 분비물이 배출되지도 않고 오염 상태를 확인하기도 어려우니까 피하는 게 좋아.

세척은 지혈한 뒤에 멸균 식염수나 흐르는 수돗물, 마시는 물 등으로 상처 부위를 씻어 내는 거야. 고인 물에 담그거나 입으로 빨면 안 돼. 포비돈 요오드 등으로 소독할 수도 있는데, 이것은 상처 치료를 늦출 수 있어서 감염 우려가 적다면 가급적 생리식염수 등으로 소독만 하는 게 좋아.

드레싱은 고름이 많으면 폼드레싱, 고름이 적으면 하이드로콜로이드 드레싱을 선택할 수 있어. 약국에서 이러한 드레싱 제품들을 파니까 미리미리 집에 준비해 두는 게 좋겠지?

드레싱이란?

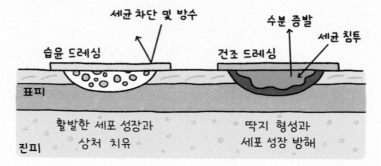

드레싱은 상처를 보호하기 위해 덮는 것을 말해. 상처 분비물을 흡수하거나 제거하고, 외부 오염을 차단하며, 충격 및 자극으로부터 보호해 주지.

거즈를 사용하는 것을 건조 드레싱이라고 하는데, 상처 분비물 흡수와 물리적인 보호에는 괜찮지만, 세균 침입을 막지는 못해. 또 건조된 상처에 딱지가 생기면 회복 기간이 늘어나고 흉터가 생기기 쉬워.

공기가 닿지 않도록 밀폐하면, 혈액으로 산소를 공급하기 위해 상처 부위에 새로운 혈관들이 새로 만들어지면서 면역과 상처 치유에 관여하는 세포들이 활발히 활동할 수 있다는 것이 밝혀진 뒤로는 습윤 드레싱이 정석이 되었어. 상처에서 삼출 분비물, 그러니까 고름이 많을 때는 흡습성이 있는 포말 우레탄 등으로 제조된 폼 드레싱이 알맞아. 반대로 너무 건조한 상처에는 습기를 머금고 있는 하이드로겔 드레싱이 좋아. 중간의 경우, 공기를 완벽히 차단해서 상처 치유를 극대화할 수 있는 하이드로콜로이드 드레싱이 효과적이야.

소독제의 소독 원리
알코올
알코올은 물뿐 아니라 기름과도 잘 섞이는 양쪽성 액체야. 기름 성분인 세균과 곰팡이의 세포막과 바이러스의 껍질을 녹일 수 있어. 세균의 경우, 알코올이 세포막을 쉽게 투과하기 때문에 세균 내부로 침투하여 단백질을 변형시킬 수 있어. 바이러스의 경우, 외피가 있는 종류는 외피가 사라지면 사람 세포 내부로 침투하지 못해. 그러나 처음부터 외피가 없는 바이러스 종류에는 큰 효과를 보기 어려워.

주의할 것이 있어. 메탄올 또는 메틸알코올은 CH_3OH의 분자식을 가지는 독극물이야. 소주 반 잔 정도만 마셔도 실명에 이르고 사망할 수 있어. 그러므로 메틸알코올을 다룰 때는 각별히 신경을 써야 해. 에탄올 또는 에틸알코올의 분자식은 CH_3CH_2OH야. 우리가 마시는 술의 주성분이고 손소독제의 주성분이지. 메탄올이나 에탄올 둘 다 소독 효과는 뛰어나. 소독 효과가 있는 부분은 사실 알코올의 -OH 부분인데 화장품 등 다양한 제품의 방부제로 쓰이는 파라벤도 -OH 부분을 가지고 있어.

과산화수소

과산화수소는 상처의 혈액 등에 있는 인산 및 철 이온 등과 반응하여 수산화 라디칼(OH•)을 생성하는데, 이는 매우 강력한 산화제야.

과산화수소는 매우 작은 분자라서 세균 내부로 쉽게 침투해 세균 내부에서도 수산화 라디칼을 만들어 낼 수 있어. 수산화 라디칼은 주변의 세포막, 단백질, DNA 등을 무차별적으로 공격해 세균 세포 안팎에서 살균 효과를 발휘하지.

집 안에 폭발물이 있다고?

#메탄올 #벤젠 #라디칼 #강산 #강염기

 어떤 화합물이 위험한 화합물이야? 한번에 알아볼 수 있는 방법이 있어?

 화학자들은 평소에 하도 여러 가지 화합물들을 다뤄야 하니

까 외우고 있지. 일반인들이 그걸 다 알기는 어렵지만 위험한 화
합물들의 특징을 몇 가지만 알아도 도움이 될 거야.

초 응. 좀 알려줘.

브 예를 들어서 설명할게. 칼이나 총을 들고 있는 낯선 사람을 피하
는 게 좋을까, 아닐까?

초 그걸 말이라고 해?

브 화합물 중에는 라디칼radical이라는 것을 쉽게 만들 수 있는 것
들이 있어. 영어 단어 'radical'이 '급진적인'이라는 뜻인 건 알지?
매우 심하게 좌충우돌하면서 남을 바꾸고 세상을 바꾸려고 하는
화합물이야. 라디칼은 다른 분자를 바꿔 버리고 파괴할 수 있어.

초 정말?

브 화학에서 라디칼이란 결합을 하지 않고 전자 하나가 혼자 있는
경우를 말해. 대표적인 라디칼이 산소 원자 하나로 된 라디칼과
할로겐 원소 하나로 된 라디칼이야.

초 어떤 분자가 라디칼을 만들어?

브 어떤 분자는 분자 내에 에너지가 너무 많아. 이런 분자는 스스로
를 파괴해서 여러 조각으로 만들어. 과산화수소는 H_2O_2라는 분
자식을 가지는데 2개의 OH 라디칼을 만들 수 있어. 또 O_3의 식
을 가지는 오존도, 즉 산소 분자(O_2)와 산소 원자(O) 하나로 된
라디칼을 만들 수 있지.

초 과산화수소나 오존이 활성산소를 만든다는 이야기는 들어봤어.

🄑 또 어떤 분자는 외부에서 자외선을 쪼인다든지 하는 방식으로 에너지를 주면 라디칼을 만들 수 있는데, 할로겐 원소가 붙어 있는 분자들이 특히 그럴 수 있어. 사염화탄소(CCl_4)는 빛을 쪼여 주면 CCl_3와 Cl 라디칼들로 변해.

🄒 아, 그럼 활성산소를 만들 수 있는 분자들이나 할로겐 원소가 붙은 화합물들은 기본적으로 위험할 수 있다는 거네.

🄑 바로 그거야. 이런 화합물들은 일단 의심하고 봐야 해. 호흡기 질환이나 암을 유발할 수 있는 화합물들이거든.

🄒 그리고 또 어떤 화합물들이 위험해?

🄑 강한 산과 염기는 다 위험해. 염산, 질산, 황산, 수산화나트륨, 수산화칼륨 같은 화합물들은 위험하니까 몸에 닿지 않도록 조심하고, 혹시나 닿게 되면 재빨리 흐르는 물로 씻어야 해. 서로 격렬히 반응할 수 있는 산과 염기, 락스와 산소계 표백제, 과산화수소와 배수구 세제 등은 서로 멀리 떨어뜨려 놓아야 하고. 더 중요한 것은 직사광선과 열을 피해서 보관하고 용기가 상하지 않게 하는 것!

🄒 또 위험한 것은?

🄑 벤젠 같은 고리 화합물들은 일단 의심하고 보는 게 좋아. 용매로 일반인들도 많이 쓰는 고리 화합물인 톨루엔은 독성이 아주 높지는 않지만 몸에 안 좋으니까. 혹시 이런 제품을 쓰게 되면 반드시 환기를 잘해야 해. 포도주에 있는 폴리페놀같이 몸에 특별히 나쁘지 않은 화합물도 있지만……. 만약 고리 화합물에 할로

겐이 붙어 있으면 잠재적 발암물질이 아닐까 의심하는 게 좋아. 게다가 이런 화합물들은 대부분 끓는점이 아주 높아 휘발성이 낮아서 호흡기에 들어가면 잘 안 빠져나와. 그러면서 폐에 염증을 만들기도 하고 운이 나쁘면 암에 걸리게 하지.

🐻 일상생활에선 보기가 힘들겠네. 그래도 고리 화합물과 할로겐의 조합은 위험하다는 것은 기억해 둘게.

🐰 저번에 메탄올 같은 것이 아주 위험하다고 했지? 또 집 안에 있는 표백제들, 그러니까 락스, 과산화수소, 과탄산나트륨 같은 물질은 다 위험해. 반드시 정해진 용법을 따라서 사용하고 환기도 해야 해. 건강과 생명에 직결된 것인데 반드시 전문가의 조언을 따르는 것이 좋겠지?

🐻 오케이, 접수.

🐰 그 외에도 길쭉하고 뾰족한 물질들은 호흡기에 들어가지 않도록 조심해야 해. 유리 섬유나 석면 같은 것들은 전자제품 또는 건축물에서 발견되는데, 혹시나 그런 가루를 들이마시지 않도록 조심! 폐에 들어가면 세포를 찌르고 괴롭혀서 운이 나쁘면 암이 생길 수도 있어. 암이란 결국 어떤 화합물이나 뾰족한 침 같은 구조가 세포를 괴롭혀서 생기는 거야. 세포가 괴롭힘을 당하면 둘 중 하나를 선택하거든. 죽어 버리든가 아니면 암세포로 거듭나서 죽지 않는 능력을 획득하든가.

🐻 집에 어떤 위험물질이 있는지 기록하고, 조심해야 하는 것들은 따로 모아 두어야겠다.

🅑 아, 그리고 병원에서 지어 온 약들을 더는 복용하지 않는다면 다 모아서 약국에 돌려주는 것이 좋아. 괜히 두었다가 아이들이 먹을 수도 있고 애완동물이 먹을 수도 있거든. 또 자신의 증상을 마음대로 짐작해서 의사의 처방 없이 남은 약을 먹다가 증상이 악화되는 경우도 많아. 그 어떤 화학제품보다 의약품이 더 무서운 독극물이 될 수 있어. 아, 참! 라이터에 들어 있는 액화 부탄 같은 것도 뜨거운 차 안이나 가스레인지 옆에서 폭발할 수 있어. 이런 것들은 서늘한 곳에 둬야 해.

🅒 그것도 접수. 오늘 할 일이 많네.

🅑 그럼, 이참에 집 안에 있는 화학 제품들 목록을 만들고 정리 한번 해볼까?

집 안의 화합물

식기세척기 세제
일반 주방용 세제는 손으로 사용하는 제품이라 인체에 해롭지 않게 만들어. 하지만 식기세척기 전용 세제는 손에 닿지 않기 때문에 세척력을 높이기 위해 다소 피부 독성이 있는 인산염을 포함하는 경우가 있지. 물로 헹구면 잔여물이 남지 않으니 걱정할 필요는 없지만, 세제를 보충하거나 할 때는 고무장갑을 착용하자.

소독제
소독의 원리는 라디칼과 같은 에너지가 높은 화학종을 만들어서, 이러한 화학종이 세균이나 바이러스에 침투하여 세포벽이나 그 속에 들어 있는 단백질이나 DNA를 변형시키고 파괴하는 거야. 우리의 세포 또한 그러한 화학반응에서 자유롭지 않아. 이러한 제품을 무조건 안 쓸 필요도 없지만 굳이 매일 일정량 이상을 호흡기로 마실 필요는 없어. 어린아이나 노약자가 있는 집에서는 특히 조심해야 해. 어느 정도 더러운 것이 외려 건강에 더 좋은 경우가 많이 있으니까.

배터리

자동차 및 가전제품에 사용되는 배터리들은 단단히 밀봉되어서 대체로 안전하지만, 그 내부의 화합물은 높은 에너지와 강한 반응성을 가지고 있어서 근본적으로 위험한 물질이야. 산성 및 염기성 전해질과 폭발성이 높은 리튬 등이 포함되어 있으므로 주의가 필요해. 뜨거운 햇볕을 피하고, 부풀었다면 사용해선 안 돼. 일반쓰레기로 폐기하다가 화재 사고가 날 수 있으니 폐건전지는 따로 모아 지침에 따라 폐기해야 해. 방전된 전지를 더 쓰겠다고 깨무는 행위는 절대 금물!

부동액

자동차 부동액의 주요 성분인 에틸렌글리콜은 독성이 매우 강해. 삼켜서는 안되는 것은 당연하고, 피부를 통해 흡수될 수도 있으니 부동액을 보충하거나 청소를 할 때는 고무장갑을 착용해야 해. 프로필렌글리콜은 훨씬 더 안전하니, 부동액을 구매할 때 성분표를 확인하여 선택하는 것도 좋은 방법이야.

페인트 등 유화 도료

페인트는 유기 용매에 도료를 녹여 놓은 것으로, 유기 용매를 증발시키면서 도료를 고착시키는 제품이야. 페인트를 사용할 때는 반드시 환기해야 하고, 스프레이 형태로 나오는 락카 등을 사용할 때는 특히 주의해야 해.

살충제

살충제는 애초에 독성에 의한 살생을 위해 만들어진 제품이야. 살충제 성분으로는 퍼메트린, 디아지논, 프로포서, 클로로피리포스 등이 있는데, 이 물질들은 두통, 현기증, 경련 등을 일으킬 수 있어. 그러니까 사람이 있는 방에서는 사용하지 않는 게 좋아. 사용 후에는 꼭 환기를 해야 하고.

윈드실드 워셔액
일반적인 유해 성분은 메탄올, 에틸렌글리콜 등이야. 휘발성이 높고 공기 정화 필터로 제거되지 않아서 차량 안으로 유입될 수 있어. 최근에는 순수한 에탄올 워셔액이 많이 생산되고 있으니 성분을 확인하여 구입하는 게 좋아.

락스 등 표백제
가정에서 사용하는 화합물 중 가장 독성이 높은 종류야. 74쪽에 자세한 내용이 있으니 참고해 봐.

기타
알루미늄 호일이나 금속 수저, 그릇 같은 전도성 물질은 전자레인지에 넣고 돌리면 스파크가 튀면서 화재가 날 수 있어. 또 콘센트에 먼지가 쌓이면 역시 스파크가 튀면서 폭발할 가능성이 있지. 밀가루와 같은 가루들도 전기 스파크가 튀는 상황에서 강력한 폭발을 일으킬 수 있어. 이러한 상황들을 평소에 알고 있으면 좋아.

제습왕 제올라이트

#습기 #제습제 #제올라이트 #제올라이트구조 #제습원리

 장마철이 왔네. 에어컨을 틀면 습기가 어느 정도 제거되기는 하는데 그래도 꿉꿉하다. 옷장 안에 습기 제거제를 둬야겠어.

 시중에 파는 습기 제거제 성분이 뭔지는 알지?

🔵 응? 그거 신경 안 썼는데?

🔵 주로 염화칼슘을 써. 겨울에 길이 꽁꽁 얼어붙었을 때 뿌리는 제설제 있잖아? 바로 그게 염화칼슘인데, 습기를 아주 잘 흡수하기 때문에 제습제로 써.

🔵 근데 그거 폐기할 때마다 어떻게 버려야 할지 고민이야.

🔵 너무 많은 양만 아니라면 물로 희석하면서 하수구로 흘려보내도 괜찮아. 식물에 뿌리면 다 죽으니까 절대 밭이나 화단에 버리지는 말고.

🔵 버리지 않고 계속 사용할 수 있는 친환경 제습제는 없을까?

🔵 좋은 대안이 있지. 바로 제올라이트zeolite야. 제올라이트는 작은 구슬 형태나 작은 돌 부스러기 형태 그대로 팔아. 이 제올라이트는 1나노미터보다도 작은 방으로 이루어진, 구멍이 숭숭 뚫린 구조를 가지고 있어. 그 수많은 작은 방들에 물 분자를 가둘 수 있지. 물 분자는 1나노미터보다 작거든.

🔵 물을 가둬? 감옥처럼?

🔵 맞아. 먼저 구슬 형태의 제올라이트를 사서 커다란 프라이팬이나 잘 안 쓰는 큰 솥을 이용해서 100도 이상에서 가열해. 자갈 형태도 괜찮긴 한데 알갱이가 작은 것을 골라야 해. 오븐이 있는 집은 오븐에 넣고 가열하면 가루가 안 날리니까 편하지. 광파 오븐도 좋고. 그러면 제올라이트 내부 구멍에 갇혀 있는 물 분자들이 빠져나가고 제습제로 사용할 수 있어.

🔵 가열한다니까 살짝 무섭네. 얼마나 가열해야 하는 거야?

🔵 일단 증기가 나오지 않을 때까지 가열하면 되는데 가열 시간은 길어야 1시간 정도면 충분해. 식힌 다음에 부직포 주머니에 넣어서 필요한 곳에 던져 두면 끝. 간단하지? 제올라이트에 물이 많이 붙으면 제습 효과가 떨어지니까 장마철에는 다시 구워서 물을 제거하고 다시 사용하면 더 좋아.

제올라이트

🔵 여름이 지나면?

🔵 그냥 신발장이나 서랍장에 그대로 두었다가 이듬해에 똑같은 방법으로 처리해서 또 사용하면 돼.

🔵 그럼 거의 영원히 쓸 수 있는 거네. 그런데 혹시 버려야 할 때는 어떻게 해?

🔵 그것도 간단해. 일반 쓰레기로 버리면 되고, 심지어 밭 같은데 그냥 버려도 아무 문제 없어. 천연 광물이라서 토양이나 동식물에 아무런 해가 없어.

🔵 아주 친환경적인 대체 제습제네.

🔵 그렇지. 화합물의 구조를 알고 성질을 잘 이해하면 용도를 얼마든지 찾을 수 있어. 제올라이트는 제습제뿐만 아니라 아주 다양한 곳에 쓰여. 제올라이트는 나트륨 양이온이나 칼륨 양이온을 가지고 있는데 만약 물에 칼슘 이온이 있으면 나트륨이나 칼륨

이온을 뱉어 내고 칼슘 이온을 잡아 버려. 그러면 물이 센물에서 단물로 바뀌어서 비누 거품이 잘 나고 세탁이 쉬워져.

초 또 다른 데 쓰이는 곳이 있어?

브 제올라이트에는 아주 작은 방들이 있다고 했잖아? 이 방에 화합물들이 화학반응을 하여 구조가 변형되고 나면 날씬한 화합물들은 빠져나가고 그러지 못한 화합물들은 못 빠져나가겠지? 이런 방식으로 석유화학 산업에서 특정 화합물만 선택적으로 합성하고 분리할 때 제올라이트를 써.

초 제올라이트는 팔방미인이네. 그럼 올해 여름은 제올라이트를 사서 제습제로 한번 써 볼까?

브 좋지.

제올라이트의 구조

제올라이트는 알루미늄(Al)과 규소(Si) 원자들이 산소(O) 원자에 의해 연결되어 있어서 성질이 모래나 세라믹에 가까워. 특이한 점은 음이온들이 모여서 만든 빈 방들이 3차원 공간에 규칙적으로 쌓여 있는 입체 구조를 띠고 있다는 거야. 음이온의 음전하는 나트륨 양이온(Na^+)이나 칼륨 양이온(K^+) 들이 상쇄시키지. 즉 제올라이트는 전기적으로 중성인 물질이야.

물속에 칼슘 이온 같은 것들이 녹아 있으면 석회암이 많은 지반에서 흔히 발견되는 센물이 되어서 비누 거품이 잘 일어나지 않아. 그런데 세제에 사용되는 제올라이트는 표면에 나트륨 양이온(Na^+)들이 있어, 물속에서 칼슘 양이온(Ca^{2+})

을 건져내고 대신 자기가 가지고 있던 Na⁺을 내어놓아. 그러면 물이 단물로 바뀌어 거품이 잘 나서 빨래가 쉬워져. 아, 구멍이 있는 물질들은 내부에도 표면이 있는 셈이야. 공기에 노출될 수 있는 모든 곳을 표면이라고 할 수 있지.

제올라이트는 화산이 폭발할 때 생긴 화산재가 주변의 호수에 날아가서 쌓인 후 호수에 있는 염들과 반응하여 자연적으로 생성된 광물이야. 우리는 이러한 광물을 캐내고 가공하여 사용하기도 하고 용도에 맞는 구조로 인공적으로 합성하여 사용하기도 하지.

제올라이트의 구조

제올라이트가 물을 흡착하는 원리

제올라이트 속에는 많은 음전하 자리와 양이온이 존재해. 물 분자의 수소 원자 부분은 부분양전하를 가지고, 산소 원자는 부분음전하를 가지는데, 제올라이트의 음전하 자리와 물의 수소 원자 사이에는 정전기적 인력이 존재해. 또한 제올라이트 내의 양이온은 물의 산소 원자와 인력을 가지지. 이런 이유로 제올라이트 속에 물 분자가 들어가면 갇히게 되고, 이러한 인력이 끊어지는 상황에서만 물 분자가 탈출할 수 있어. 따라서 제올라이트에서 완전히 물을 빼내려면 높은 온도에서 구워 주는 방법밖에 없어.

한마디로 제올라이트는 우리가 평상시에 살아가는 일상적인 온도에서는 쉽게 탈출할 수 없는 물 분자의 감옥인 셈이야. 제올라이트는 모래 같은 성질을 가진 광물이라서 200도, 300도 같은 높은 온도로 가열해도 구조가 변하지 않아. 그러니까 굽는 시간이나 온도에 대해 너무 걱정할 필요는 없어.

복사기에서 오존이 생긴다고?

#오존 #오존구멍 #냉매 #질소산화물 #자외선

브로콜리, 인쇄할 때는 항상 묘한 냄새가 나는 것 같지 않아? 비린내 같기도 하고.

맞아. 사실이야. 레이저 프린터를 사용하면 오존이 발생하거든.

오존을 많이 들이마시게 되면 호흡기 질환이 생길 수 있으니 주의해야 해. 프린터에서는 많은 양이 나오지는 않지만 말이야.

그렇구나. 환기를 잘해야겠다.

 문서 복사를 할 때 매캐한 건지 비릿한 건지 묘한 냄새가 나지 않아? 나만 그렇게 느끼나?

 아냐. 실제로 냄새가 나. 레이저 프린터를 사용할 때 오존(O_3)

이 생겨서 그래. 오존 농도가 높은 곳에서 오랜 시간 일하는 사람은 호흡기 질환이 생기는 경우가 많아. 오존은 흡입하게 되면 몸 속에서 활성산소종을 만드는데, 이런 활성산소종이 암과 같은 질병과 관련이 많다는 것은 이미 연구로 밝혀져 있어. 그래서 계속 인쇄를 하는 복사실 같은 곳은 환기를 잘해야 해.

🔵 그걸 몰랐네. 나야 레이저 프린터를 가끔 쓰니까 큰 상관 없겠지만 인쇄를 많이 하는 곳에서는 주의해야겠어.

🔵 응. 레이저 프린터에서 나오는 오존은 양이 아주 많지는 않아. 환기만 잘 하면 크게 걱정할 필요는 없어. 복사기 말고도 오존 농도를 높이는 요인은 많아.

🔵 뭔데?

🔵 산소로부터 오존이 만들어지려면 높은 에너지가 필요한데, 자외선, 전기 방전, 화학 에너지 등이 사용되지. 일부 자외선 식기 살균기의 문을 열 때나 전기 살충기에 벌레가 들어가서 아크 방전이 일어날 때도 오존의 비릿한 냄새를 맡을 수 있어. 공기청정기에 살균을 위한 이온 발생기가 장착되어 있는 경우에도 오존이 발생하고, 놀이공원의 범퍼카 천장에서도, 가까운 곳에 번개가 쳤을 때도, 공사장에서 용접을 할 때도 오존이 생길 수 있어. 전기 불꽃이 튀는 곳이면 어디든 오존이 생긴다고 보면 돼.

🔵 아! 도서관 공기청정기에서 꼭 그런 비린내가 났어. 그 냄새의 원인이 오존이었다니!

🔵 사실 경유 자동차는 어마어마한 양의 오존을 만들어 내. 경유 자

동차의 엔진은 휘발유 자동차의 엔진보다 훨씬 높은 온도에서 가동하는데, 이 높은 온도에서는 엔진으로 흡입된 공기 속의 질소와 산소가 서로 반응하여 질소 산화물을 만들 수 있어. 그런데 이 질소 산화물이 결국 활성산소를 만들어서 산소와 반응을 하고, 대기 중 오존의 농도를 높이게 돼. 대기질을 나쁘게 하는 주범이 바로 배기가스를 제대로 처리하지 못하는 노후 경유 자동차야.

$$NO_2 \longrightarrow NO + O\cdot$$
$$O\cdot + O_2 \longrightarrow O_3$$
$$NO + 1/2O_2 \longrightarrow NO_2$$
$$\overline{}$$
$$전체반응 : 3/2O_2 \longrightarrow O_3$$

경유 자동차에서 발생하는 질소 산화물인 이산화질소(NO_2)가 오존을 만들어 내는 과정

🔵 경유 자동차가 공기 중에 질소 산화물을 내뿜어서 오존을 만드는 거네.

🔵 그래서 경유 자동차에는 이 질소 산화물이 대기에 배출되기 전에 다시 안전한 질소로 만들어 주는 일을 하는 촉매 변환기를 달아야 해. 문제는 이 촉매 변환기 속에는 귀금속 촉매가 들어 있어서 가격이 만만치 않고, 변환기를 가동하면 자동차 출력이 낮아진다는 거야.

🔵 전에 어떤 자동차 회사가 이걸로 뉴스에 엄청 나왔던 거 같은데?

🔵 맞아. 검사를 할 때만 촉매 변환기를 가동해서 배기가스 규제를

통과하고, 일반 주행일 때는 촉매 변환기를 끄는 식으로 배기가스를 그냥 뿜으면서 높은 연비를 달성하는 속임수를 쓴 거야. 그러면서 친환경 기업이라는 슬로건까지 대대적으로 내세웠으니 아주 뻔뻔하기 그지없지.

🔵 세상에.

🔵 오존은 땅 위에 사는 우리가 호흡을 하면 위험한 기체지만, 저 높은 곳의 성층권에 있는 오존층은 우리에게 축복이야. 태양으로부터 어마어마한 양의 자외선이 지구로 오는데 성층권의 오존층이 그걸 막아 줘. 그런데 우리가 예전에 사용하던 프레온 같은 냉장고 냉매 물질은 성층권으로 올라가면 오존을 산소로 만들어 버려서 오존층에 구멍이 뚫리게 돼. 오존층이 없다면 자외선이 지상으로 그대로 내려와서 사람들의 피부 노화를 일으키고, 심지어 피부암을 유발하게 되겠지. 또 이 자외선은 지상에 있는 산소 분자를 쪼개서 산소 라디칼을 만들고 지상의 오존 농도를 높여서 호흡기 질환을 일으킬 수도 있어.

🔵 오존층 구멍이 뚫리면 큰일 나겠네. 지금은 어떻게 되고 있어? 계속 나빠지고 있는 거야?

🔵 현재는 오존층을 파괴하는 냉매를 더 이상 사용하지 말자는 국제적인 조약이 있어. 덕분에 서서히 회복하고 있다고 해. 하지만 예전부터 이 냉매를 사용하던 오래된 기기들이 아직도 사용되고 있고, 국제 조약에 가입하지 않은 나라들도 아직 많이 있고, 국제법을 무시하는 나라도 있어서 이 오존층 파괴 문제는 현재 진행

형이야. 예전보다는 많이 좋아졌지만, 계속 지켜봐야 해.

🔵 늘 느끼는 것이지만 아무리 지구 생태계에 좋은 일이라고 하더라도 경제적·정치적 문제가 있어서 전 세계가 합의하고 실천하는 것은 참 힘들어. 에휴~.

🔵 그러게 말이야. 아, 그렇지, 요즘 장마도 끝나가고 볕이 아주 강하잖아? 햇빛이 강한 여름날엔 지상에 도달하는 자외선도 많아지니까 자외선 때문에 피부암, 오존 때문에 호흡기 질병, 거기에 일사병까지 있으니 조심하는 게 좋아.

🔵 알았어. 한낮에는 안 나가는게 답이겠네. 잘 숨어 있어야지. 근데 에어컨 없이 사는 독거노인들과 조손가정들이 걱정이네.

🔵 복지가 모든 곳에 닿으면 좋겠지만 나라에 쓸 수 있는 돈은 한정적이니 힘든 문제야. 지구 환경이 나빠지면 나빠질수록 힘들어지는 것은 가난하고 병든 사람들이야. 정작 차도 끌고 다니지도 못하는데 고통은 그 사람들이 받으니 참 억울하지.

더 알아보기

성층권의 오존이 지구를 자외선으로부터 보호하는 방식

오존은 자외선을 흡수하여 O_2와 $O \cdot$ 라디칼로 쪼개지고 이 $O \cdot$ 라디칼은 O_2와 만나 오존을 만들면서 계속 자외선을 걸러주는 역할을 해.

또한, O_2 분자가 자외선에 분해되어 $O \cdot$ 라디칼을 거쳐 O_3를 만들기도 하며, 라디칼과 라디칼 혹은 라디칼과 오존이 반응하여 O_2 분자를 만들기도 하지. 이러한 과정에서 대기 중에 일정한 농도의 오존이 유지되는 거야.

O_2와 O_3가 일정한 농도로 유지되는 대기에 프레온 기체가 추가되면 O_3와 O· 라디칼을 계속 없애 버려. 프레온 기체는 자외선에 분해되어 염소 원자(Cl)를 방출하는데, Cl· 라디칼은 촉매로 작용하므로 자신은 사라지지 않고 오존을 계속 없앨 수 있어.

활성산소

활성산소는 우리가 흔히 말하는 보통 산소보다 활성이 크고 불안정하며 높은 에너지를 갖고 있는 산소를 말해. 생물체의 몸 안에서 생성되기 때문에 우리 몸이 내뿜는 배기가스라고도 불려. 주로 음식물을 소화하고 에너지를 만드는 과정에서 몸 안에 침투한 세균이나 바이러스를 없앨 때 생기지. 몸 밖에서 들어오는 산소가 부족하면 혈액이나 세포 속의 물을 이온화해서 산소를 만드는데, 이렇게 만들어진 산소는 원자가 1개뿐이라 불안정해. 이게 바로 활성산소야. 활성산소는 산화력이 매우 강해서 생체 조직을 공격하고 세포를 손상시켜. 만성 위장병, 두통, 피로와 무력감뿐 아니라 동맥경화증, 신장질환, 알레르기성 피부염의 원인이 되기도 해. 물론 활성산소가 무조건 나쁜 건 아니야. 활성산소는 세포 간의 신호 전달 등에서 중요한 역할을 하기 때문에 우리 몸에 꼭 필요해. 물론 농도가 너무 높아지면 위험하고.

정전기의 탄생

#정전기 #마찰전기 #표면전하 #폴리에스테르 #전하

 아유, 멍멍이 안아 주고 놀았더니 옷에 털이 잔뜩 붙었네. 면 셔츠는 별로 안 붙는데 이 셔츠만 입었다 하면 이러네.

 그 셔츠 섬유 주성분이 뭐야?

50

🔵 면과 폴리에스테르polyester 섬유가 혼합되어 있어.

🔵 그러면 폴리에스테르가 범인이야.

🔵 정말?

🔵 면은 전기적으로 거의 중성인데, 폴리에스테르는 표면에 음전하를 가지기가 쉬워. 거기에 동물의 털은 폴리에스테르 같은 것으로 문지르면 전자를 뺏겨서 양전하를 가지기가 쉽고.

🔵 전부터 자꾸 음전하, 양전하 그러는데 그게 뭐야? 화학에서 중요한 개념인가 보네?

🔵 전자는 음의 성질을 가지고 있어. 양성자는 양의 성질을 가지고 있고. 그리고 둘의 전하량의 절대값은 똑같아. 그리고 이 둘은 서로 좋아해. 태극의 음과 양의 관계하고 비슷하지. 원래 원자는 양성자의 숫자와 전자의 숫자가 같게 태어나. 그래서 음양이 아주 조화로워서 중성이라고 불러.

🔵 오케이.

🔵 그런데 원자가 전자를 잃어 버리게 될 수도 있지. 그러면 양성자가 남아 이온이 되는데, 양의 성질을 가진 이온이어서 양이온이라고 불러. 만약 원자가 전자를 얻게 되면 음의 성질이 넘치지? 그러면 이 녀석은 음이온이 돼.

🔵 원자들은 서로 다른 성질을 가진다고 들었는데?

🔵 바로 그렇기 때문에 어떤 원자들은 전자를 가져가고 싶어 하고, 또 어떤 원자들은 전자를 쉽게 잃을 수도 있어.

😊 양이온이 되기 좋아하는 원자와 음이온이 되기 좋아하는 원자를 가까이 붙여 놓으면 전자를 서로 주고받겠네.

😎 바로 그거야. 나트륨 원자와 염소 원자가 대표적인 예야. 가까이 붙여 놓으면 나트륨이 염소에게 전자 하나를 주고 자기는 양이온, 염소는 음이온을 만들어. 그렇게 얻어지는 것이 염화나트륨(NaCl), 즉 우리가 먹는 소금이야. 나트륨도 위험한 금속이고 염소도 우리 몸에 아주 해롭지. 그런데 양이온과 음이온이 되면 우리에게 해를 끼치지 않아. 같은 맥락에서 어떤 분자나 물질은 전자를 잃기 쉽고 어떤 분자나 물질은 전자를 받기가 쉬워.

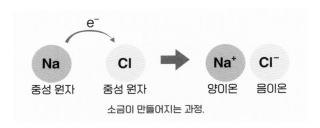

소금이 만들어지는 과정.

😊 그럼 아까 멍멍이 털과 내 폴리에스테르 셔츠는 서로 전자를 주고받았겠네. 그러고 나서는 서로 좋아하니까 옷에 털이 달라붙은 거구나.

😎 맞아. 마찰을 해주면 접촉된 물질 간에 전자 이동이 잘 일어나는데, 이것을 마찰전기 효과triboelectric effect라고 해. 털과 옷을 서로 문지르면 털은 양전하를 가지게 되고, 옷은 음전하를 가지게 되어서 아주 착 달라붙지.

😊 아, 어릴 때 해본 실험이 기억 나. 풍선을 머리카락에 막 문지르

고 손을 떼면 마치 마술
처럼 풍선이 머리
에 붙어 있잖아.

양전하

음전하

인력

🅑 맞아. 라텍스 고무
로 만든 풍선을 머리
카락에 많이 문지르면 머
리카락에 있는 전자들이 풍
선으로 옮겨 와. 머리카락에 있는 양전하들과 풍선의 음전하들이
서로 세게 잡아당기니까 풍선이 머리에 붙어 있는 거고. 양과 음
이 서로 잡아당기는 것을 정전기적 인력이라고 그래.

🅒 정전기는 짜증 나잖아. 겨울에 손에 불꽃이 튀면 아주 놀라기도
하고. 이게 어디 쓸모는 있는 거야?

🅑 있지. 아주 여러 곳에 쓰여. 스마트폰 액정보호 필름은 접착제가
없지만 스마트폰 유리에 잘 달라붙어 있지? 정전기의 원리를 이
용한 거야. 또 일회용 부직포 걸레도 좋은 예야. 폴리에틸렌으로
만든 부직포는 음전하를 가지기가 쉬워. 음전하를 가지는 부직
포를 이용해서 마루에 떨어진 멍멍이 털을 정전기를 이용해 쉽
게 닦아낼 수 있지. 면으로 만든 수건은 멍멍이 털을 제거하는 용
도로는 사용할 수가 없어.

🅒 면은 왜 정전기가 안 생겨?

🅑 좋은 질문이야. 면은 셀룰로오스cellulose로 이루어져 있잖아? 셀
룰로오스는 표면에 -OH 그룹을 많이 가지기 때문에 물 분자들이

표면에 들러붙어 있어. 이런 물 분자들이 전자의 통로가 되어서 전자들이 모여 있을 수 없지. 설령 전자가 쌓이더라도 다른 데로 흘러가 버리거든.

🔵 그렇군. 서로 다른 종류의 물건을 서로 세게 문질러서 정전기가 더 많이 생기게 할 수도 있겠다. 그치?

🔴 맞아. 조금 전에 말한 폴리에틸렌 부직포가 만약 청소 효과가 별로 없다면 양전하 가지는 것을 좋아하는 가죽, 비단, 나일론 천 같은 것에 막 문지른 다음에 멍멍이 털을 닦아내면 훨씬 더 잘 제거할 수 있어. 부직포에 음전하가 더 많이 쌓여서 양전하를 가지는 멍멍이 털에 잘 달라붙는 거지.

🔵 아하. 이번에 산 부직포 걸레 효과가 별로던데 그렇게 해 봐야겠다.

정전기가 잘 생기는 물질들의 특징

1. 물질 자체는 부도체야. 전류가 잘 흐를 수 없는 물질이어야 전하가 오랫동안 쌓여 있을 수 있어.
2. 물질 안에 전하를 안정적으로 잡아 둘 수 있는 화학 구조들이 존재해야 해. 폴리에스테르가 표면 음전하를 오래 가지는 이유는 폴리에스테르가 벤젠 고리와 옆에 달려 있는 C=O 이중결합들이 뜻을 모아 전자를 잘 보관할 수 있기 때문이야. 또한 폴리에스테르 자체가 부도체여서 전자가 표면에서 흐를 수 없으므로 전자가 한번 오면 오랫동안 머무르게 되지.

폴리에스테르의 합성과 구조

전하를 가지기 쉬운 물질들

아래 표를 보면, 왜 습도가 낮은 겨울에 양전하를 가지기 쉬운 사람의 피부와 음전하를 가지기 쉬운 폴리에스테르 옷에서 정전기가 잘 생기는지 이해할 수 있을 거야. 또한 울이나 모피가 다양한 플라스틱 표면을 스쳐도 정전기는 잘 생겨.

양전하를 가지기 쉬운 물질		중성	음전하를 가지기 쉬운 물질	
아주 쉬움	쉬움		쉬움	아주 쉬움
암모니아 이산화탄소 산소 일산화탄소 질소 수소	사람 머리털 나일론 울 고양이털 비단	면화(면) 스테인리스 스틸	딱딱한 고무 폴리에스테르 스티로폼 폴리우레탄 폴리에틸렌 폴리프로필렌 PVC 그 외 대부분의 플라스틱	테플론

부직포의 제조법

부직포란 말 그대로 베틀로 짜지 않고 천 형태로 만든 것을 말해. 코로나가 한창 기승을 부릴 때 우리가 썼던 마스크는 부직포로 만들어. 플라스틱 덩어리를 녹이고, 여기에 바람을 불어서 실 모양을 만들고, 이 실들을 겹겹이 쌓아서 천 형태의 필터로 만드는 거야. 신문에서 마스크의 재료가 "MB 필터"라고 하는 걸 봤다면 그게 바로 이거야. 일일이 직물로 짜지 않으니 짧은 시간에 많은 천을 만들 수 있어 경제적이지. 그러므로 부직포로 만든 옷은 아주 싸. 학생들이 학교 행사에 한번 입고 버리는 옷을 만들 때 좋은 재료가 돼.

노트북 리튬 배터리가 터지는 이유

#리튬배터리 #금속산화물 #전해질 #완전방전 #덴드라이트

 브로콜리! 노트북 컴퓨터가 이상해. 막 뚱뚱해지고 있어. 빨리 와 봐.

 뭐? 알았어.

🌶 아까부터 충전 중이었는데 갑자기 막 부풀어 오르고 있어. 어떡해? 어떡해?

🔋 일단 먼저 전원을 끌게. 그리고 혹시 모르니까 가까이 오지 마. 내가 서비스센터로 가서 고쳐 올게.

🌶 조심해.

🔋 알았어.

(한 시간 뒤)

🔋 초고추장, 나 왔어.

🌶 대체 이유가 뭐야? 늘 조심스럽게 다루었는데. 한 번도 떨어뜨린 적도 없고.

🔋 아마 처음에 제조할 때부터 문제였을 거야. 시간이 지나면서 조금씩 그 문제가 쌓이다가 드디어 터진 거지.

🌶 그러니까 무슨 문제?

🔋 노트북이나 스마트폰에는 리튬 배터리를 사용하는데 리튬 배터리가 부풀어 오르는 데는 여러 이유가 있어. 그중 하나는 배터리가 완전히 방전되는 거야.

🌶 리튬 배터리를 완전히 방전시키는 게 안 좋다고?

🔋 배터리는 금속 산화물로 된 양극하고 탄소로 만들어진 음극으로 나뉘어 있는데, 그 양극과 음극 사이에 막이 있어. 또 전극들 사이에는 전해질이라는 액체가 있고.

🔵 그래서?

🔵 배터리가 완전 방전이 된 후에 충전하면 탄소 쪽 전극의 구조에 큰 변형이 일어나서 가운데 막을 뚫고 전자의 길이 생길 수 있어. 그러면 전해질이라는 물질이 분해되면서 배터리 내부에서 기체가 생기기 시작해. 이 상태에서 계속 충전하면 마구 부풀어 오르다가 어느 순간 폭발해.

🔵 아, 그래서 배터리가 많이 방전되면 충전하라고 스마트폰에서 경고하는 거구나. 그리고 스마트폰이나 노트북 컴퓨터를 충전하면서 자는 것은 상당히 위험할 수도 있네. 자다가 터지면 어떡해?

🔵 그렇지. 충전할 때는 가까이 두는 게 좋아. 설령 배터리가 터지더라도 불이 나지 않도록 주변에 인화성 물질이나 가연성 물질은 두지 않는 게 좋지.

🔵 절대로 얼굴 근처에 두고 충전하면서 자면 안 되겠다.

리튬 배터리의 구조 및 작동 원리

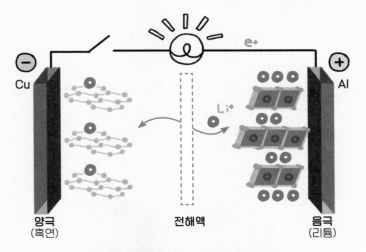

왼쪽은 탄소로 이루어진 전극, 오른쪽은 금속 산화물 전극

방전시

탄소 구조 사이에 끼어 있던 리튬 원자는 전자를 잃고 리튬 이온(Li^+)이 되는데, 이때 전자는 도선을 흐르면서 우리가 원하는 일(게임이나 동영상 시청)을 할 수 있어. 전자는 전선의 끝에 매달린 다른 전극으로 옮겨가지. 리튬 이온은 전해질을 통해 층의 구조를 가지는 금속 산화물로 이루어진 양극으로 옮겨 가서 금속 산화물 사이로 끼어 들어가. 금속 산화물은 도선으로부터 전자를 받고 전해질로부터 리튬 이온을 받아서 리튬 이온이 낀 층상 구조를 가지는 거야.

충전시

배터리를 충전하면 방금 일어난 일이 거꾸로 진행돼. 전자는 도선을 타고 층을 가진 탄소로 가게 되며, Li^+는 전해질을 다시 통과하여 탄소 사이에 끼게 되지. 이때 리튬 이온과 전자가 만나서 리튬 원자가 다시 만들어져. 양극에 있던 금속 산화물은 전자도 잃고 리튬 이온도 잃어서 원래의 층상 구조로 바뀌게 돼.

과충전시 일어나는 위험한 반응

음극 재료인 탄소가 품을 수 있는 리튬의 양은 한계가 있어. 과충전을 하게 되면, 음극 안으로 들어갈 공간이 없는 리튬 이온이 음극 표면에서 리튬 금속이되어 쌓여. 이때, 자라나는 리튬이 뾰족한 가시 모양이 되는데, 이런 형태를 수지상 돌기, 덴드라이트dendrite라고 해. 이 뾰족한 가시가 분리막을 뚫고 뻗어나가 양극재와 닿게 되면 내부 단락이 되어 급격하게 방전되면서 모든 에너지를 방출하고 배터리의 온도를 급격히 높여. 이렇게 발생한 열에너지는 에틸렌카보네이트 등으로 이루어진 유기 전해질을 분해시키는데, 이때부터 멈출수 없는 열 폭주가 시작되는 거야.

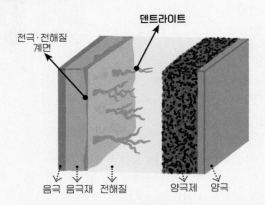

리튬 이온 배터리의 구조와 음극에서 자라나는 덴드라이트

과방전시 일어나는 위험한 반응

배터리가 완전히 방전되어 음극이 더 이상 제공할 리튬 이온이 없다면, 음극재 주변에 있는 전극이나 전선에서 구리를 빼앗기 시작해. 이렇게 과방전된상태의 배터리는 방전된 상태 그대로는 위험하지 않아. 하지만 이를 다시 충전하면 문제가 될 수 있어. 양극이 가져갔던 구리는 충전 중에 다시 음극으로돌아가는데, 구리는 리튬에 비해 이온화 경향이 매우 작기 때문에 쉽게 음극표면에서 환원되어 작은 금속 씨앗들을 형성해. 흑연과 달리 구리는 리튬 이

온을 저장하지 못하기 때문에 리튬 이온들은 구리 씨앗을 응결핵으로 삼아 훨씬 쉽게 리튬 금속으로 자라나며 매우 빠르게 덴드라이트를 만들어. 이 상태가 된 배터리는 정상 충전 전압 범위에서조차 과충전한 배터리처럼 위험해지는 거야.

차세대 배터리 개발 과제

액체 전해질을 사용하는 한 배터리 폭발 위험은 늘 있어. 따라서 이러한 사고를 막으려고 액체가 아닌 고체 진해질을 사용하는 전고체 배터리 연구가 전 세계적으로 활발히 진행되고 있지. 2022년에 발생한 카카오의 데이터센터 화재 사건에서 볼 수 있듯이 전해질을 이용하는 리튬 배터리는 폭발의 위험성을 늘 안고 있어. 테슬라 등 여러 회사의 전기자동차 역시 리튬 배터리를 사용하는데 배터리 화재가 일어나면 자동차에서 탈출이 불가능할 정도로 빨리 불이 번져서 인명사고가 일어날 수 있어. 전고체 배터리의 개발이 시급한 것은 이런 이유 때문이야.

산과 염기의 운명적인 만남

#산 #염기 #중화반응 #비활성기체 #평형상수

 내 거친 생각꽈~ 불안한 눈빛꽈~ 그걸 지켜보는 뉘어어~ 그건 아마도 전쟁 같은 쏴아랑~.

 아침부터 왜 이리 시끄러워?

🔵 산과 염기를 떠올리니 그 노래가 생각이 났거든. 산과 염기의 만남은 정말 전쟁처럼 격렬할 수밖에 없어.

🟢 무슨 소리야?

🔵 자, 생각해 봐. 수소 원자는 소위 흙수저야. 태어나기를 전자 하나만 가진 채 태어났어. 그런데 이 전자 하나조차도 빼앗긴다면 과연 어떤 기분일까? 아주 참담할 거야. 염화수소(HCl)와 같은 산(염산은 염화수소의 수용액이야.)은 물에 녹으면 바로 이러한 수소가 전자를 하나 잃은 존재(즉, 수소 양이온 H^+)를 만들게 돼. 염소 음이온(Cl^-)도 만들고. H^+ 입장에서는 누군가가 전자를 좀 나눠 준다면 참 좋을 거야.

🟢 정말?

🔵 수산화나트륨($NaOH$) 같은 염기는 물에 녹으면 나트륨 양이온(Na^+)과 함께 음이온인 수산화물(OH^-)이라는 것을 만들어. 원래 산소 원자(O)는 전자를 좀 좋아하는 편이야. 회사에서 일을 던져 주면 좋아하는 그런 신입 직원이라고 생각해 봐. 그런데 이런 친구에게 일거리를 너무 많이 주면 어떻게 될까? 너무 버거워하지 않겠어? 누군가가 일거리를 좀 나누어 가겠다고 하면 무척 좋아하겠지? OH^- 입장에서는 자기가 가진 음전하를 누가 좀 나누어 가면 참 좋을 거야.

🟢 그렇겠지.

🔵 H^+와 OH^-가 만나면 어떻게 되겠어? OH^-는 전자를 나누어 주고 H^+는 전자를 받으며 서로 결합해. H-O-H, 즉 물이 되어 버리는

거야. 서로 만나 격렬한 사랑을 하고 물이 되어 버리는 거지. 그걸 우리는 중화반응이라 부르기로 했어. 산과 염기가 만나 물이 만들어지는 것.

🔵 그럼 남겨진 Na^+와 Cl^-는 어떻게 돼?

🔵 얘네들은 뭐 별로 생각이 없어. 그냥 물 분자들에 둘러싸여 행복해해. 물을 날려 보내면 Na^+는 Cl^- 여러 개에 둘러싸여 있고, Cl^-는 여러 개의 Na^+에 둘러싸여 있는 그런 구조를 가지게 되지. 그게 바로 우리가 잘 아는 NaCl, 즉 소금의 구조야. 염이라고 불러.

$$HCl + NaOH \rightarrow H_2O + NaCl$$

🔵 아하!

🔵 산과 염기가 만나면 물이 생기고 염이 생겨. 물은 참 순하지만 산과 염기가 만나서 만드는 반응은 참 격렬했어. 그렇지? 운명적인 전쟁과 같은 사랑이야.

위험하지만 유용한 염산

염산은 염화수소의 수용액이야. 수용액은 물이 용매인 용액을 말하는데, 쉽게 말해서 어떤 물질이 물에 녹아 있는 상태를 말해. 염산은 우리 몸에서 음식물을 녹이는 위산의 주 성분이기도 한데, 굉장히 부식력이 강해서 매우 조심해서 다뤄야 해. 농도가 아주 높은 염산은 우리 몸에 닿았을 때 화상 같은 상처를 입힐 수 있고, 만약 증기를 마시거나 액체 상태로 마셨을 때는 장기에 회복하기 힘든 손상을 입혀. 산성이 아주 강해서 물을 많이 넣어 희석한 '묽은 염산'으로 자주 사용해. 청소용으로도 자주 사용되는데, 이때는 10퍼센트 내외로 엄청나게 묽게 희석해서 사용해.

원자들의 사랑과 전쟁

#원자 #분자 #양성자 #전자 #라디칼

 브로콜리, 갑자기 궁금해졌어. 우리가 왜 친해지게 됐지?

 음, 아마도 브로콜리는 초고추장에 찍어 먹었을 때 가장 맛이 좋으니까 맨날 붙어 다녀서 그러겠지?

초 맞아, 그렇지. 그런 면에서 우리는 참 '케미'가 좋은 것 같아. 아, 그런데, "케미가 좋다."는 게 무슨 뜻이지? '케미'가 우정 뭐 그런 뜻인가?

브 그럴 리가! 요새 유행하는 '케미가 좋다'는 말은 '화학결합Chemical bond'에서 앞 글자만 딴 거야. 둘 이상의 원자가 작용해 하나로 합쳐지는 걸 '화학결합'이라고 하잖아. 그렇게 둘 이상의 사람이 만났는데 아주 사이가 좋고 단합도 잘되고 뛰어난 성과를 낼 때 쓰는 표현이야.

초 오호, 사람들 똑똑하네.

브 그럼 내가 질문할게. 화학결합은 왜 만들어질까?

초 갑자기? 음… 원자가 외로우니까? 행복하려고?

브 본질에 아주 가까운 답이야. 거의 정답이지.

초 엥! 막 던졌는데, 정답이야? 역시 나는 천재야. 그런데 원자는 언제 행복하다고 느껴?

브 원자는 안정적이라고 느끼면 행복해하지. 원자의 세계에서는 원자가 가진 에너지가 낮으면 행복해해. 좀 더 정확하게는 원자의 전자가 가진 에너지가 낮으면 행복하지.

초 그게 무슨 말이야?

브 원자는 양성자, 중성자들로 이루어진 핵을 가지고 있어. 핵 주변을 전자가 돌고, 핵과 전자들은 서로 좋아해.

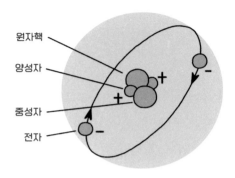

원자핵
양성자
중성자
전자

🔵 수소를 예로 들어 볼까? 수소는 양성자 하나와 전자 하나밖에 없어.

🔴 그런데?

🔵 그런데 수소 원자 2개가 만나서 분자를 만들게 되면 양성자 2개 사이에 전자 2개가 들어가. 전자는 양성자를 끌어당기니까 양쪽에 있는 양성자들은 어디에 가지 못하고 서로 가까이 있게 돼. 마치 두 손을 맞잡은 연인처럼 말이야. 이 상태가 되면 2개의 전자는 양쪽의 양성자에게 사랑을 받으니 아주 안정한 상태가 되고, 수소 분자도 자동으로 안정한 상태가 되지.

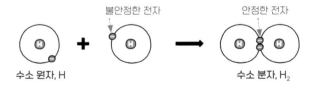

불안정한 전자   안정한 전자

수소 원자, H   수소 분자, H_2

🔴 수소 원자 2개가 결혼을 한 거네. 그리고 분자가 되어 안정을 찾

앉고. 마치 많은 사람이 결혼을 하고 나서 안정적으로 변하는 것처럼 말이야.

🔵 그런데 아무리 사랑하는 사람들도 헤어질 수 있잖아? 천재지변이 일어나서 둘 사이가 갈라질 수도 있고, 다른 누군가가 나타나서 둘 사이에 훼방을 놓을 수도 있지. 엄청나게 높은 열, 강한 빛, 그리고 라디칼, 불안정한 다른 분자 같은 것들이 원자 간의 결합을 깰 수 있어.

⚫ 불안정한 다른 분자?

🔵 어떤 분자들은 비록 결합을 이루었지만 언제라도 기회만 되면 쪼개져 버릴 수 있는 불안정한 상태에 있어. 사람들도 그렇잖아. 결혼한다고 다 안정을 찾는 건 아닌 것처럼 말이야. 예를 들면 오존이라는 분자는 산소 원자 3개로 이루어져 있는데 기회만 되면 산소 2개로 이루어진 분자와 라디칼이라 부르는 산소 원자 하나로 쪼개질 수 있어.

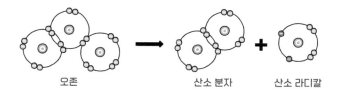

오존   산소 분자   산소 라디칼

⚫ 그 산소 라디칼이 다른 분자를 쪼갤 수 있는 거네?

🔵 맞아. 이 산소 라디칼이 바로 산소계 표백제가 작용할 수 있는 이유야. 표백제에서 산소 라디칼이 생기고, 이 라디칼이 다양한 색깔을 내는 분자와 반응해서 결합을 깨 버리고 색을 없애지.

🔵 라디칼은 왜 다른 결합을 깰까?

🔴 생각해 봐. 산소 라디칼 입장에선 자기의 행복이 제일 중요하지 않겠어? 그러니 자기도 다른 원자와 결합하고 안정을 찾고 싶어하지. 다른 원자들 기분 따위는 상관 안 해.

🔵 화학반응은 완전히 막장 드라마네. 결합을 깨고, 새로운 결합을 만들고, 누군가는 행복해지고, 누군가는 불행해지고.

🔴 딱 적당한 비유야. 우리가 사용하는 살균, 표백용 화학제품들에 특히 이런 난봉꾼들이 많아. 다른 친구들을 가만두질 않지. 결합을 보기만 하면 깨고 싶어 해. 또 강한 에너지, 즉 높은 열, 자외선과 같은 것들이 화학반응이 잘 일어나는 환경을 만들어 줘. 햇볕을 오랫동안 쐬게 되면 색이 바래고 다양한 물건들이 상하잖아. 햇볕을 피하고 서늘한 곳에 물건들을 보관하는 것만으로도 원하지 않는 화학 변화를 피할 수 있어.

🔵 빛이나 열이 화학 변화를 일으킨다? 흠.

🔴 원자들은 안정적인 상태가 되고 싶으니까 결합을 하여 분자를 만들고, 이 분자들을 빛이나 열이 들들 볶아서 다른 분자로 만들고. 이런 과정이 수없이 일어나는 거야. 지구가 생겨난 이후부터 그 45억 년 동안 이런 화학반응이 계속 일어났어. 그중에 몇 가지 특별한 물질들이 생겨났어. DNA나 우리 피에 있는 철 이온을 둘러싸고 있는 포르피린porphyrin 분자 같은 것들이야. 포르피린이라는 유기 분자를 이용해서 식물은 광합성을 하고, 우리

는 산소 호흡을 하지. 식물도 동물도 동일한 DNA를 쓰고. 우리 몸에 있는 DNA의 70퍼센트가 도토리에 사는 벌레의 DNA와 일치하니 말 다했지, 뭐.

초 우리 생명이 화학반응에서 온 거네.

브 그렇지. 우리 몸 안에서 존재하는 모든 것이 화학반응의 산물이고, 지금 이 순간에도 수많은 화학반응이 일어나고 있어. 화학반응의 종착지는 모든 화합물이 안정한 상태로 가는 거야. 그런데 우리는 살기 위해서 계속 뭘 먹고 있지? 음식물에서 에너지를 얻어서 우리 몸에서 화학반응이 조절되며 계속 일어나. 살아 있다는 것은 '조절되며 계속 일어나는 화학반응'과 같은 말이야.

초 사랑과 전쟁이여, 영원하라.

2장

화장실,
유용한 화학 수다

락스, 알면 무섭다고?

#락스 #과산화수소 #염소기체 #클로라민 #히드라진

 변기를 더 반짝이게 만들려면 어떤 제품을 쓰는 것이 좋을까?
락스를 써야 해? 아니면 과탄산나트륨이나 과산화수소?

 화장실, 충분히 깨끗해 보이는데?

🌝 나도 호텔처럼 반짝거리는 화장실을 갖고 싶다고. 나쁜 물질이 생기는 건 정말 싫어!

🌚 아무 세제든 잘 닦이면 그만이고, 나쁜 물질이 걱정이면 환기하면 되지.

🌝 오늘은 미세먼지가 많아서 창문도 못 열어. 뭘 쓰면 좋을지 추천 좀 해봐.

🌚 일단은, 환기하기가 쉽지 않다면 락스는 안 쓰는 게 좋을 것 같아. 락스는 차아염소산나트륨($NaOCl$)이란 물질인데, 변기에 있는 암모니아 성분과 반응해서 유독한 클로라민(NH_2Cl) 기체를 만들 수 있어.

🌝 잉?

🌚 락스는 염소계 표백제라서 산소계 표백제들보다 세정 효과가 훨씬 높아. 청소용으로 쓰기는 참 좋지. 그런데 락스는 반응성이 너무 좋아서 문제가 되는 경우가 종종 있어. 다른 세제와 섞어 쓰면 아주 위험할 수 있거든. 예전에 어떤 청소부가 산을 이용해서 바닥 청소를 하고 바닥을 깨끗이 닦지 않은 채 퇴근했어. 근데 다음 시간대 청소부가 와서 바닥이 젖어 있고 더러워 보여서 락스를 이용해서 청소했어. 어떻게 됐을까? 락스와 산이 반응해서 만들어낸 염소 기체 때문에 사망하고 말았지. 한편, 세제 중에는 암모니아 성분이 들어 있는 것들이 있는데 이런 세제와 락스를 섞어 쓰면 역시 유독한 클로라민이 생겨서 위험해.

🌝 그렇게 위험한데 락스를 막 팔아도 돼?

🅑 락스는 사용법만 잘 지키면 정말 유용한 화학물질이야. 용도에 따라 묽혀서 쓰라고 되어 있지? 그리고 락스는 화장실의 곰팡이와 세균을 죽이는 데 탁월한 효과가 있어. 그러니 용법을 지켜서 쓰고 환기만 잘하면 됩니다.

🅒 그럼, 환기가 안 되니까 락스는 패스하고. 산소계 표백제는 어때?

🅑 산소계 표백제는 활성산소종을 만들어 내는데, 얘네들이 세균도 죽이고 표백도 시키지. 과탄산나트륨이나 과산화수소나 둘 다 물에 녹지만, 실제로 살균 작용을 하는 물질은 과산화수소야. 단지 하나는 고체, 하나는 액체 형태로 존재한다는 게 다를 뿐이지. 또 활성산소종들은 금방 자기들끼리 만나 산소 분자로 변하니까 우리한테 해를 주지는 않아. 하지만 락스만큼 세균을 죽이거나 표백을 하는 데 효과적이지는 않지. 염소계 표백제나 산소계 표백제나 장단점이 있어.

🅒 아, 고민이네. 그럼 오늘 어떻게 할까? 문을 열기는 싫고.

🅑 염소계든 산소계든 표백제가 작용하면 오염물질이 분해되면서 냄새가 나. 오늘 문 열기 싫으면 워싱 소다나 구연산을 써도 돼. 그냥 계면활성제만 있는 세제로만 청소하든지.

🅒 날이 좋을 때 락스랑 산소계 표백제를 같이 써서 청소하면 효과가 엄청 좋지 않을까?

🅑 응. 그렇게 해. 나는 119를 부를게.

🅒 뭐라고?

뵐 락스와 산소계 표백제가 만나면 격렬히 반응하면서 산소 기체를 만들어 내거든. 그때 세제가 눈에 튀면 실명할 수도 있고, 놀라 넘어져서 목숨을 잃을 수도 있어.

초 헥! 청소 한번 하려다가 큰일 나겠네. 그럼, 오늘 청소는 내일로 미룬다!

유용하지만 위험한 락스

락스의 성분명은 차아염소산나트륨이야. 락스 단독으로 사용했을 때 세척 효과가 있는데, 다른 물질과 섞을수록 세척력은 떨어지고 위험성은 높아져. 락스가 강력한 살균 표백제의 역할을 하는 것은, 강한 산화제이기 때문이야. 그래서 다른 세제 등을 섞으면 그 세제를 산화시키지. 그러면 락스는 소모되고 세제는 파괴되어 둘 다 폐기물이 되는 거야. 또 이 과정에서 유독가스가 발생해서 많은 거품을 내는데, 이건 청소랑은 상관 없어. 우리가 비누 같은 계면활성제에 익숙하다 보니까 거품이 많으면 청소가 잘되는 거라고 오해하는 거지. 락스가 여러 세제와 반응해서 생기는 거품은 유독가스니까 절대 섞어 쓰면 안 돼.

락스와 절대로 섞으면 안 되는 것들
락스와 암모니아 세제
$$NaOCl + NH_3 \rightarrow NaOH + NH_2Cl$$
$$NH_2Cl + NH_3 + OH^- \rightarrow H_2O + Cl^- + N_2H_4$$

눈과 폐에 독성이 있는 클로라민(NH_2Cl)과 발암물질인 히드라진(N_2H_4) 가스가 발생해.

락스와 알콜류

$CH_3CH_2OH + 4NaOCl + 2NaCl + H_2O \rightarrow 6NaOH + 2CHCl_3$

들이마시면 마비 효과가 있는 클로로포름($CHCl_3$) 가스가 발생해.

락스와 산(구연산, 식초, 인산, 염산 등)

$NaOCl + 2HCl \rightarrow NaCl + H_2O + Cl_2$

$4NaOCl + 4RCOOH \rightarrow 4RCOONa + 2H_2O + O_2 + 2Cl_2$

세척력이 없는 구연산나트륨, 아세트산나트륨, 소금, 물, 산소 기체 등과 함께 유독성 염소가스를 발생시켜. 만약 락스를 삼키게 되면 락스 성분이 위에 있는 염산과 반응하여 유독성 염소가스가 나와. 락스를 많이 삼켰을 때 사망에 이르는 이유가 바로 이거야.

락스와 과산화수소(산소계 표백제)

$NaOCl + H_2O_2 \rightarrow NaCl + H_2O + O_2$

락스와 과산화수소가 반응하여 뜨거워지면서 소금과 산소 기체가 돼. 독성은 없지만 산소가 격렬히 발생하는데, 그때 액체가 눈에 튀면 실명할 수 있으니까 주의해야 해.

배수관의 기적

#수산화나트륨 #강한염기 #단백질 #아미노산 #펩타이드결합

 브로콜리~, 세면대 물이 잘 안 내려가. 머리카락 같은 것이 뭉쳐서 막혔나 봐.

 알았어. 공구 좀 찾아서 올게. 배수관을 열어서 살펴봐야겠어.

🔵 으, 너무 더러워. 끈적끈적한 게 너무 많아. 생각보다 머리카락은 많지 않네.

🔵 그런데 이번에는 세면대 바로 밑의 관이 부분적으로 막혔다는 거야. 이렇게 되면 배수관 클리너를 써도 방법이 없어. 클리너 액이 아래 U자 형태의 관으로 흘러가지만 보다시피 U자 부분은 이미 깨끗한걸.

🔵 아마 그건 내가 몇 번 배수관 클리너를 부어서 그럴 거야. 아무리 부어도 물 흐름이 좋아지지 않더라고.

🔵 세면대 바로 아래가 막히면 방법이 없어. 이렇게 뜯어서 직접 막힌 부분을 청소해야 해.

🔵 그런데 배수관 클리너는 무슨 성분으로 이루어진 거야?

🔵 수산화나트륨(NaOH) 같은 강한 염기와 계면활성제가 주요 성분이야. 수산화나트륨처럼 강한 염기는 단백질을 녹일 수 있어. 머

리카락 같은 것도 잘게 분해하지. 단백질은 아미노산들이 모여서 만드는 고분자잖아? 서로 다른 아미노산들 사이에는 펩타이드 결합(-NHCO-)이 있는데 이 결합을 강한 염기가 잘라 버리는 거야. 계면활성제는 끈적거리는 더러운 물질을 씻어 내는 데 도움을 주고. 만약 U자 부분만 막혀 있었다면 이 배수관 클리너로 충분히 청소할 수 있었을 거야.

🔵 수산화나트륨은 사용할 때 조심해야 하지?

🔴 응. 아주 위험한 물질이야. 만약 이 수산화나트륨이 두피 같은 곳에 튀면 피부가 손상되어서 탈모가 될 수도 있어. 난 예전에 고무장갑 끼고 만졌는데도 어떻게 뚫고 들어왔는지 손등이 아주 미끌미끌하더라고. 손을 씻고 보니 손등에 있는 잔털들이 완전히 다 없어졌지 뭐야. 무슨 피부가 플라스틱 표면처럼 반들거렸어.

🔵 피부는 괜찮았어?

🔴 다행히 시간이 지나니 회복은 되었지만 만약 좀 더 오래 피부에 닿았으면 흉터가 남았을 거야.

🔵 유용하긴 하지만 정말 위험한 제품이구나. 안 튀게 조심해서 써야겠다. 특히 눈에 튀면 치명적일 수도 있겠는데?

🔴 맞아. 그리고 이 용액에 식초를 붓거나 하면 아주 위험할 수도 있어. 산과 염기 사이에서 격렬한 중화반응이 일어나면서 아주 뜨거워질 수 있거든. 플라스틱 파이프가 손상을 입을 수도 있고 뜨거운 액체가 얼굴이나 눈에 튈 수도 있고 말이야.

(브) 그래? 집에 뭐 더 고칠 거 없나?

계면활성제는 물과 기름을 섞어

계면활성제는 영어로 surfactant라고 하는데, 표면을 뜻하는 surface와 활성의 active를 조합해서 만든 단어야. 계면이란 기체와 액체, 액체와 액체, 액체와 고체가 서로 맞닿은 경계면을 뜻해. 물과 기름처럼 서로 섞이지 않은 경계면에서 활동할 수 있는 분자를 뜻해. 물과 기름을 섞이게 만들지. 계면활성제는 분자 구조에서 한쪽은 소수성 부분, 다른 쪽은 친수성 부분으로 되어 있어. 소수성은 물을 싫어한다는 뜻인데, 다르게 표현하면 친유성, 즉 기름을 좋아하는 성질이라고 할 수 있어. 여러 개의 계면활성제의 친유성 부분이 기름을 둘러싸면 자연스럽게 친수성 부분이 바깥을 향하잖아. 이런 구조를 마이셀이라고 불러. 이 마이셀은 친수성 부분이 바깥쪽에 있어서 물에 잘 분산이 되지. 계면활성제로 이루어진 비누로 기름때를 씻어낼 수 있는 원리야.

당신의 자외선 차단제는?

#자외선 #파장 #나노입자 #빛에너지 #띠간격

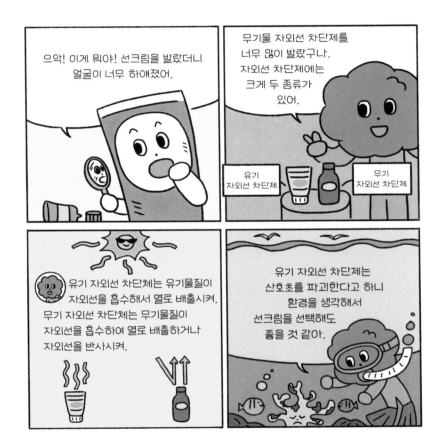

비행기 승무원들이 일반인보다 피부암이나 유방암에 걸릴 확률이 더 높대. 높은 고도에서는 큰 에너지를 가지는 빛인 엑스선이나 자외선에 더 많이 노출되는데, 아마 그런 이유 때문이 아닐까 싶어. 이제 여름이 다가오니까 야외 활동이 많은 날에는 자

외선 차단제를 잘 바르고 다니자. 우리 피부는 소중하니까.

 응. 근데 대부분 자외선 차단제 로션은 하얀색이잖아. 난 얼굴이 너무 하얗게 되어서 싫던데. 밀가루를 풀어서 발라 놓은 것 같기도 하고. 도대체 성분이 뭐야?

🌱 가루가 맞아. 제품에 따라 구성 성분이 다르긴 하지만 산화아연 또는 이산화티타늄 나노 입자야.

🌱 나노 입자?

🌱 응. 나노미터란 1미터를 10억 개로 쪼개면 얻어지는 작은 길이 단위야. 자외선 차단제에는 수십에서 수백 나노미터 크기를 가지는 산화아연이나 이산화티타늄의 나노 입자가 사용돼.

🌱 이 물질들은 어떤 식으로 자외선을 차단하는 거야?

🌱 산화아연이나 이산화티타늄 나노 입자는 큰 띠 간격을 가진 반도체여서 그래.

🌱 반도체? 얼굴에 반도체를 바르는 거야?

🌱 이게 좀 내용이 어려울 수 있지만 잘 들어 봐. 빛은 파장의 길이에 따라 에너지가 달라져. 파장이 짧을수록 더 큰 에너지를 가지지. 자외선을 쬐면 피부가 망가지는 이유는 자외선의 파장이 짧아서 에너지가 큰데, 이 큰 에너지에 피부 속에 있는 DNA를 비롯한 다양한 물질이 파괴되기 때문이야.

🌱 그런데 이게 반도체와 무슨 상관이냐고?

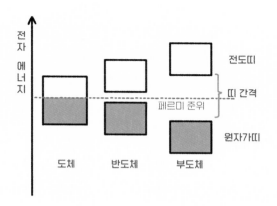

🅑 물질은 전자가 가득 차 있는 원자가띠와 전자가 거의 들어 있지 않은 전도띠라는 것을 가지는데, 반도체의 경우는 어느 정도의 에너지 간격을 두고 서로 떨어져 있어. 도체의 경우는 이두 띠가 겹쳐 있고, 부도체의 경우는 두 띠가 많이 벌어져 있지. 반도체는 도체도 부도체도 아니라고 해서 반도체야. 영어로 semiconductor인데 semi가 반이라는 뜻이거든. 이 에너지 간격을 띠 간격bandgap이라고 불러. 그런데 산화아연이나 이산화티타늄은 띠 간의 에너지 간격이 자외선이 가지는 에너지하고 딱 맞아떨어져.

🅒 아하!

🅑 자외선이 와서 산화아연 나노 입자를 딱 때리면 나노 입자의 원자가띠에 있는 전자가 "앗, 뜨거." 하면서 전도띠로 올라가. 이렇게 위로 올라간 전자는 시간이 지나면 다시 원자가띠로 돌아오

는데, 이 과정에서 대부분 그냥 열만 조금 발생하고 말아. 이 열은 피부에 전혀 지장을 주지 않아. 아, 참. 산화물 나노 입자는 이와는 다른 방식으로 피부를 보호하기도 해. 이런 나노 입자들이 뭉쳐 있으면 빛이 피부에 닿기 전에 빛을 반사하거나 산란시켜서 피부를 보호해. 자외선 차단제가 하얗게 보이는 이유는 이런 빛의 반사와 산란 때문이야.

㊊ 으, 머리에 쥐 난다. 그러니까 자외선이 와서 피부에 닿기 전에 이 나노 입자들이 빛을 대신 받아 주는데, 입자들 안에서 전자 에너지가 올라갔다 내려갔다 하고 만다 이거지? 자외선이 피부에 닿을 일이 없으니 피부가 보호되는 거고. 여기에 빛의 반사와 산란까지 더해져서 피부를 더욱 잘 보호하고.

㊐ 아주 날카로워. 정확합니다. 그리고 띠 간격이 자외선과 딱 맞지 않으면 자외선을 그냥 통과시켜 버리기 때문에 띠 간격이 맞는 반도체 물질을 써야 효과가 있지.

㊊ 물질마다 띠 간격이 다르구나. 근데 혹시 나노 입자 크기에 따라 막을 수 있는 빛의 파장도 달라지는 거야?

㊐ 역시! 초고추장은 천재야. 반도체 입자의 경우 크기가 작아질수록 막을 수 있는 빛의 파장대가 작아져. 즉 이론적으로는 더 에너지가 큰 자외선을 더 작은 나노 입자가 막을 수 있다는 거지. 그렇기는 하지만 자외선 차단제로 사용하는 산화아연이나 이산화티타늄 나노 입자는 그 크기가 좀 줄어든다고 해도 흡수되는 빛의 파장대가 크게 바뀌지는 않아. 어쨌든 중요한 것은 산화물

나노 입자의 종류와 크기를 잘 선택하면, 막아야 하는 파장대의 자외선을 막을 수 있다는 거야.

🔵 우리가 벌써 나노 물질 제품을 이용하며 살고 있었구나. 그나저나 이 산화아연이나 이산화티타늄 나노 입자들이 사람 몸에 들어가서 문제를 일으키지는 않겠지?

🔵 아직 자외선 차단제로 쓰인 산화물 나노 입자가 몸에 해를 끼친다는 연구 결과가 발표된 적은 없어. 비누를 써서 자외선 차단제를 씻어 내면 깨끗하게 피부에서 떨어져 나가고. 자외선 차단제를 사용하지 않아서 피부암에 걸리거나 심하게 화상을 입거나 피부 노화가 많이 진행되는 경우는 있지만 말이야. 마음 놓고 사용해도 돼. 실제로 산화아연 같은 경우는 신발이나 양말에 뿌려 발 냄새를 제거하는 용도로 아주 오래전부터 사용해 왔고, 아직까지 아무 문제가 없었어.

🔵 예썰, 나노맨.

🔵 하하. 기억할 만한 내용은 애기들이나 민감성 피부를 가진 사람들이 쓰는 제품은 이산화티타늄을 포함하는 경우가 대부분이라는 거야. 이산화티타늄과 산화아연 나노 입자를 섞어 쓰는 경우도 있어. 다음에 초고추장이 쓰는 제품에 어떤 성분이 들어 있는지 한번 잘 살펴봐. 아, 참. 그리고 이산화티타늄이나 산화아연 같은 광물 기반의 자외선 차단제는 산호초를 파괴하지 않는다는 연구 결과도 있어. 옥시벤존oxybenzone과 같은 유기물 자외선차단제의 경우 산호초를 파괴한대.

초 나노 만세! 근데 산호초는 호주 같은 데만 있을 것 같은데 우리
나라도 울릉도나 제주도, 이런 곳에는 산호초가 잘 발달되어 있
잖아. 이번 여름에 자외선 차단제를 많이 바르고 바다에 들어갈
텐데 사람들이 환경을 생각하고 제품을 선택하면 좋겠다.

옥시벤존

옥시벤존은 산호초를 파괴해

산호초는 바다생물의 쉼터이자 삶의 터전이야. 산호는 미세조류microalgae
와 공생관계를 가지며 살아가. 산호의 폴립 속에 어떤 조류가 사느냐에 따라
산호의 색깔이 결정되지. 산호는 작은 바다생물들을 마비시켜 사냥하기 위해
독성 물질을 내뿜는데 미세조류는 이 물질과 질소 등을 이용하여 광합성을 하
면서 살아가고, 산호는 미세조류가 만들어 내는 산소와 영양분을 먹으면서 살
아가.
그런데 바닷물의 온도가 높아지거나 자외선을 너무 많이 쬐면 산호가 스트레
스를 받게 되고, 폴립 속에 있던 미세조류를 뱉어 내. 지구 온난화나 성층권의
오존층 구멍은 산호에겐 사형선고와 같아. 산호는 색을 잃게 되고, 미세조류
와의 유익한 공생관계도 깨져. 결국 먹이활동을 제대로 하지 못하게 되니 면

역체계도 나빠져서 결국 죽어 버리게 되지. 산호 종류 중에는 바닷물 속에 있는 칼슘 이온(Ca^{2+})과 이산화탄소(CO_2)로부터 기인하는 탄산 이온(CO_3^{2-})을 이용하여 석회석 성분인 탄산칼슘($CaCO_3$)을 만들고, 이를 뼈대로 삼고 살아가는 것들도 있어. 산호가 죽고 흰 뼈대만 남게 되는 현상을 백화현상이라고 불러. 그렇게 된 산호초는 더 이상 다양한 생물을 끌어들이지 못하지.

무기 자외선 차단제가 좋은 이유

산화아연과 이산화티타늄은 무기 화학물질이라 이것을 사용하는 자외선 차단제는 무기 자외선 차단제라고 불러. 하지만 이런 제품을 쓰면 피부가 지나치게 하얗게 보인다며 옥시벤존과 같은 유기물로 이루어진 자외선 차단제를 사용하는 사람들이 많아. 옥시벤존 같은 유기물은 산호에 흡수되면 산호의 DNA를 망가뜨리는 독소로 작용하고, 특히 많은 수의 어린 산호를 죽여. 유기 자외선 차단제 한 방울을 올림픽 규격 수영장에 떨어뜨리는 정도로도 산호초의 생태계에 엄청난 악영향을 끼친대. 옥시벤존과 같은 유기 자외선 차단제를 바르고 바다에서 수영을 하는 건 산호초 생태계를 파괴하겠다고 작정하고 덤벼드는 것이나 마찬가지야.

효소는 빨래 담당

#계면활성제 #효소 #셀룰로오스 #셀룰레이스

 효소 세제와 일반 세제는 뭐가 달라?

 세제에는 기본적으로 비누처럼 기름과도 친하고 물과도 친한 성질을 지닌 계면활성제가 들어 있어야 해. 향이 나게 하는 성분들도 들어 있고, 거기에 효소 세제는 효소가 추가로 들어가 있지.

🔵 계면활성제는 저번에 이야기해 줘서 알아. 그럼 효소는 아밀레이스 이런 거야?

🔵 맞아. 옷에는 여러 가지 지저분한 게 많이 묻잖아. 특히 음식물이 묻으면 얼룩을 제거하기가 어렵지. 그래서 음식물 성분을 분해하는 효소들이 들어 있어. 녹말을 분해하는 아밀레이스amylase, 셀룰로오스를 분해하는 셀룰레이스cellulase, 지방을 분해하는 라이페이스lipase, 단백질을 분해하는 프로테이스protease 등이야.

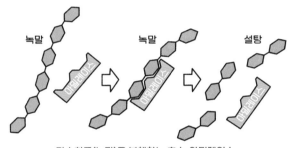

탄수화물(녹말)을 분해하는 효소, 아밀레이스

🔵 셀룰로오스라는 건 종이의 주성분이지?

🔵 응. 식물성 찌꺼기가 옷에 붙으면, 그걸 없애야 하잖아.

🔵 그런데 전에 어디서 효소 세제가 환경에 안 좋다는 이야기를 본 적이 있어. 왜 그런지 알아?

🔵 제일 큰 이유는 붕산이나 붕사 같은 붕소를 포함하는 물질들이 들어 있어서 그래. 이 물질들은 효소를 안정화시키기 위해서 꼭 필요한데, 문제는 피부 자극을 일으키거나 남성 생식 기능에 장

애를 줄 수 있다는 거야. 물론 세제를 먹는 일은 없으니까 사람에게는 문제가 되지 않지만, 그 물이 강이나 바다로 흘러가면 수생 생물들에게 영향을 줄 수 있겠지. 일종의 환경호르몬으로 작용할 수 있는 거야.

초 계면활성제가 몸에 안 좋으니 쓰지 말아야 한다, 붕소 포함 물질인 효소 세제도 안 좋다, 그럼 대체 우린 뭘 쓰고 살아야 해?

브 효소 세제는 일반 세제보다 훨씬 적은 양을 사용하더라도 세탁 효과가 커. 즉 계면활성제만 들어 있는 세제를 많이 쓸 것인가, 아니면 붕소가 들어 있는 효소 세제를 조금 쓸 것인가, 둘 중 하나를 선택하라는 거야. 그래서 불편을 감수하고 합성세제 없이 집에서 만든 소위 천연세제로 세탁하는 사람들도 있지.

초 글쎄, 뭐든 지나치면 안 되는 것 같아. 지나치게 자주 빨래를 하지 않고 정해진 용법에 따라서 세탁하는 것이 어쩌면 더 중요한지도 몰라. 깨끗한 물을 만들려면 에너지를 많이 써야 하고 그 과정에서 이산화탄소가 많이 배출될 수 있으니까.

브 옳소.

초 그런 의미에서 오늘은 옷을 사러 가자. 입을 옷이 필요해

브 초고추자아앙~. 옷 만드는 것은 환경에 더 나빠!

세제의 구성 성분은 무얼까?

옷에 묻은 음식물에는 지방, 단백질, 탄수화물의 성분이 있어. 소수성 기름 성분인 지방은 세제의 계면활성제로 쉽게 제거되는 편이지만 달걀 등의 단백질이나 밥풀 등의 탄수화물은 계면활성제로 쉽게 제거되지 않을 수 있지. 이를 해결하기 위해 단백질을 분해하는 프로테이스, 탄수화물을 분해하는 아밀레이스가 많이 사용돼.

특히, 프로테이스는 주방세제에 사용했을 때 큰 효과를 볼 수 있어. 표면이 아주 매끄러운 유리 접시는 일반적인 세제와 수세미를 사용한 간단한 설거지로도 식품 단백질을 잘 씻어 낼 수 있지만, 표면이 거친 사기 그릇, 나무 도마, 자잘한 상처가 많은 수저, 플라스틱 반찬통 등은 표면의 작은 틈새에 끼인 단백질이 씻기지 않고 부패하여 냄새가 날 수 있어. 이때, 프로테이스가 첨가된 주방세제를 미지근한 물에 풀어 식기를 담가 두었다가 설거지하면 놀랄 만한 효과를 볼 수 있어.

옷감을 부드럽게 해주는 셀룰레이스

세탁 세제의 셀룰레이스는 오염물질을 제거하는 게 아니라 면 섬유를 관리하기 위해 들어 있어. 셀룰레이스는 면 섬유의 셀룰로오스를 분해하는데, 이때 옷감을 완전히 녹여 없앨 정도의 높은 농도로 사용하지는 않지. 섬유의 표면만 살짝 녹일 만큼만 들어 있어. 셀룰레이스가 거칠어진 섬유 표면을 매끄럽게 정돈해 주면 옷감이 부드러워지고, 보풀이 쉽게 떨어져 나가며, 난반사가 줄어들어 옷의 색감이 또렷해져. 물론 아주 조금이긴 하지만 섬유를 녹여 내는 작용을 해서 세탁할 때마다 사용하면 옷이 얇아질 수 있으니 가끔 사용하는 게 좋아.

겨드랑이 냄새, 도망쳐!

#데오도란트 #안티퍼스피런트 #유기산 #탄산나트륨 #냄새제거

 와. 덥다, 더워.

 정말 덥지? 땀이 정말 많이 나더라. 오늘 지하철 탔다가 죽는 줄 알았어. 더운 것도 더운 건데, 사람들 땀 냄새 때문에. 나도 그렇게 냄새가 났을 거고.

🔵 맞아. 데오도란트deodorant가 필요한 계절이 왔어. 그런데 데오도란트는 어떤 원리로 냄새를 없애는 거지?

🔵 우리 몸에서 냄새가 가장 심한 곳이 땀이 많이 나는 곳이잖아. 겨드랑이, 사타구니, 그리고 발에서 냄새가 특히 많이 나지. 물론 우리가 사람을 만날 때 다른 사람 사타구니 냄새나 발 냄새를 맡지는 않잖아? 하지만 겨드랑이는 반드시 공략해야 해. 그러려면 아예 땀이 안 나게 만들거나 땀에서 나는 냄새를 없애면 그나마 낫겠지?

🔵 그렇지.

🔵 사람 피부에는 어디에나 세균이 살아. 그런데 이놈들은 먹을 것이 있고 축축한 데서 아주 잘 자라. 겨드랑이에는 땀샘이 아주 많이 발달해 있어서 축축하고 따뜻해. 세균에게는 천국이지, 뭐.

🔵 윽, 내 겨드랑이에 세균이 있다니!

🔵 세균들은 막 자라면서 냄새 나는 화합물들을 만들어 내기 시작해. 그중에서도 특히 유기산이란 분자들을 만들어 내는데, 이 화합물들이 냄새가 아주 고약해. 은행나무 열매 냄새, 심하지? 그것도 은행 겉껍질 부분에 있는 유기산 때문에 나는 냄새야.

🔵 그러면 그 냄새를 어떻게 없앨 수 있어?

🔵 염기성을 가진 탄산나트륨을 이용해서 이 유기산과 반응을 시킬 수 있어. 그러면 냄새가 안 나는 물질로 바뀌지. 또 세균이 증식

하지 못하게 해야겠지? 그래서 세균을 죽이는 옥테니딘염산염과 같은 화합물을 데오도란트에 추가하기도 해.

🔵 그러니까 데오도란트에는 세균이 증식하지 못하게 하는 방부제와 지독한 냄새를 내는 화합물을 잡는 냄새 제거제가 모두 들어 있는 거구나?

🔵 그렇지.

🔵 땀을 아예 안 나게 하는 방법은 없을까?

🔵 있어. 안티퍼스피런트antiperspirant를 쓰면 돼. 이때는 알루미늄과 같은 금속을 포함하는 화합물을 주로 쓰는데, 이런 화합물은 땀이 나오는 길목의 상피세포에 들러붙어서 땀구멍을 아예 막아버려. 나오는 길이 막혔으니 땀이 나올 수가 없지.

🔵 설마, 땀이 계속 안 나오는 거 아냐?

🔵 피부에 좋을 일은 없지. 때를 밀면 벗겨져서 나와. 자극은 좀 있겠지만. 아차차! 신장이 안 좋은 사람들은 알루미늄 화합물이 들어 있는 제품을 쓸 때는 의사에게 물어봐야 해. 건강한 사람에게는 큰 문제가 없지만 혹시나 이 물질이 환자의 몸속에 들어가면 안 좋아질 수 있으니까.

🔵 흠.

🔵 안티퍼스피런트에 들어 있는 알루미늄 화합물이 건강한 사람에게 문제를 일으켰다고 보고한 연구는 없대. 그러니 냄새만 막을 것인지 땀까지 다 막을 것인지 용도를 정한 다음에 제품을 정하

면 돼. 냄새만 없앨 거면 데오도란트, 땀까지 막을 거면 안티퍼스피런트.

초 그렇구나. 내일은 파란 셔츠를 입고 싶으니까 당장 안티퍼스피런트를 사러 가야겠다. 내 겨는 소중하니까!

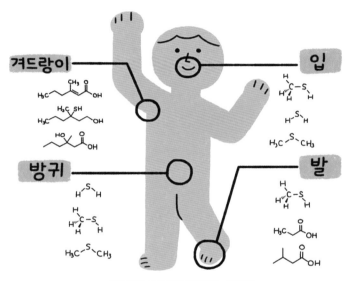

사람 몸에서 냄새가 나게 하는 분자들

냄새가 나는 분자들

냄새 분자들은 작고 가볍고 휘발성이어서 쉽게 공기 중을 떠 다녀. 주로 카르복실산(COOH) 또는 티올(SH) 등 반응성이 높은 작용기를 포함하고 있지. 데오도란트는 냄새(odor)를 제거(de-)하는 것(-ant)이라는 의미의 합성어로, 세 가지 방식으로 작용해. 우선 원인균 박테리아를 살균하고, 피부의 수분을 제거하여 세균 증식을 억제해. 마지막으로, 화학반응을 통해 냄새 분자의 작용기를 치환해.

겨드랑이 냄새 분자들은 주로 카르복실산 작용기를 가지는 짧은 사슬의 유기산이야. 그래서 카르복실산과 반응하여 카르복실산나트륨염을 만드는 물질을 이용하면 냄새가 나지 않아.

$$Na_2CO_3 + 2RCOOH \rightarrow 2RCOONa + CO_2 + H_2O$$

같은 분자, 다른 냄새

카르복실산 작용기를 가지고 있더라도, 탄소 사슬의 길이에 따라 냄새가 달라져. 탄소 사슬의 길이가 길면 기분 좋은 향기로 느껴지고, 탄소 사슬의 길이가 짧으면 불쾌한 악취로 느껴지지. 길이가 긴 유기물은 신선한 음식물에서 발견되고, 짧은 유기물은 부패한 음식물에서 발견되는데, 이는 음식물의 상태를 후각을 통해 감지하는 우리 뇌의 해석에 따른 것으로 짐작돼.

3장

주방,
맛있는 화학 수다

친구 따라 강남 가는 과일과 채소

#에틸렌 #식물호르몬 #에틸렌생성요소 #에틸렌반응인자 #상호작용

어떡해. 과일 가게 사장님이 복숭아가 아직 덜 익었다고 해서 상자 비닐을 안 뜯고 뒀는데 지금 보니까 다 상해 버렸어.

과일을 한 곳에 담아 두면 꼭 미리 짜기라고 한 것처럼 비슷한 때에 다 익어 버리더라.

오, 놀라운 관찰력! 과일들은 서로 대화할 수 있어서 그렇게 되는 거야.

입도 없는데 무슨 수로 대화를 해?

바로 '에틸렌'이라는 식물의 언어를 통해서!

 과일들은 에틸렌ethylene이라는 아주 단순하게 생긴 분자를 이용해 서로 대화할 수 있어.

 에틸렌?

102

🅱 이렇게 생긴 녀석이야. 에틸렌은 탄소 2개
와 수소 4개로 이루어져 있어. 실온에서 기
체로 존재해. 과일이 익을 때는 이 분자를
내놓게 되는데 옆에 있는 친구 과일들 보

고 "나 지금 익고 있으니까 너도 같이 익어." 하고 이야기하는 거
야. 옆에 있는 과일은 이 에틸렌의 존재를 인식하고 "나도 열심
히 익어야지." 하고 익기 시작해.

🅲 아, 그래서 과수원의 열매들이 거의 같은 속도로 한꺼번에 익는
거구나.

🅱 그렇지. 남성 호르몬, 여성 호르몬, 갑상선 호르몬 등 다양한 호
르몬의 양에 따라 우리 몸에 변화가 생기는 것처럼, 식물에게는
에틸렌 분자가 호르몬인 셈이지.

🅲 그러면 에틸렌을 마구 내뿜는 과일 옆에 덜 익은 과일을 두면 덜
익은 과일이 빨리 익어?

🅱 맞아. 덜 익은 복숭아를 빨리 먹고 싶으면, 많이 익은 바나나와
함께 담아 두면 돼.

🅲 반대로 과일이 너무 빨리 안 익게 하려면 따로 보관해야겠구나.

🅱 배추, 브로콜리, 콜리플라워와 같은 채소들은 에틸렌에 아주 민감
해. 감자나 가지도 그렇고. 그래서 잘 익은 과일하고 같이 두면 브
로콜리는 누렇게 변하고, 가지는 갈색 점들이 생기고, 감자에서는
싹이 트고, 당근은 쓴맛이 나고 난리가 나. 그래서 냉장고에 과일
칸과 채소 칸이 따로 있는 거야. 더 확실히 분리하고 싶으면 빨리

상하는 채소나 과일을
랩으로 싸 두면 싱싱하
게 보관할 수 있어.

난 다 익었어~
먼저 간다~

앗!! 같이 가~

Ethylene

🔵 좋은 생각!

🔵 에틸렌은 꽃도 빨리 시들
게 해. 화분 옆에 잘 익은 바나나를 두면 꽃이 금방 시들해지지.

🔵 왜 과일들은 한번에 다 익어 버릴까?

🔵 모두 다 잘 익었으면 동물들이 우르르 몰려와서 먹을 것이고, 그
러면 먹고 돌아가는 길에 응가도 하면서 씨를 사방에 흩뿌리겠
지. 하지만 나무에 열매들이 많은데 어떤 것은 익고 어떤 것은
익지 않았다면 열매를 먹으러 온 동물들이 참 난감할 거야. 하나
하나 익었는지 안 익었는지 골라 먹어야 할 테니까. 만약 덜 익
은 열매가 섞여 있으면 한입 맛보고 그 자리에서 버릴 테고.

🔵 그 자리에 떨어져도 싹은 틔울 수 있잖아?

🔵 그냥 나무 밑에 떨어지면 나무 그늘 때문에 씨앗은 제대로 싹도
틔우지 못한 채 죽고 말 거야. 식물 입장에서는 애써 키운 자식
인데 자기 그늘에서 죽는 것을 바라지는 않겠지.

🔵 식물이 움직이지는 못하지만, 동물을 아주 영악하게 잘 이용할
줄 아는구나.

🔵 맞아. 자연을 보면 식물이 동물을 이용하는지, 동물이 식물을 이
용하는지 헷갈릴 때가 많아.

콩나물이랑 과일을 함께 두라고?

에틸렌(C_2H_4)은 기체인데, 달콤한 냄새가 나고 가벼워. 연소할 때 고열을 내므로 가스 용접에 사용되기도 하지. PET 병, 절연 필름, 포장 재료 등 생활에 많이 사용되는 플라스틱을 만드는 데 쓰이는 원료 물질이야.

에틸렌은 과일을 익게 하는 효과 외에도 식물의 성장을 억제하는 역할도 해. 가뭄이나 추위 때문에 식물의 생존이 위협받을 때 에틸렌이 활발히 분비되지. 그러면 성장을 멈추고 영양분을 저장하여 혹독한 환경에서도 견딜 수 있어. 그래서 콩나물 옆에 과일을 함께 두면, 콩나물이 웃자라는 것을 막고 통통한 콩나물을 수확할 수 있어.

과일 및 채소	에틸렌 발생량 ($\mu l/kg$)
포도	0.1 이하
배	0.1 이하
피망	0.1-0.2
감	0.1-0.5
가지	0.1-0.7
오이	0.1-1.0
사과	2-4
토마토	4-5
키위	50-100

과일 및 채소의 에틸렌 발생량

다양한 식물 호르몬

식물의 낙엽을 만들며 동면을 준비하게 하는 압시스산abscisic acid, 뿌리가 자라게 하는 옥신auxin, 줄기의 생장을 촉진하는 지베렐린gibberellin, 꽃을 피우는 플로리겐florigen 등도 에틸렌처럼 식물의 생리 작용을 일으키는 주요 식물 호르몬들이야.

통조림 속 EDTA의 정체는?

#EDTA #리간드 #킬레이트 #덴테이트 #화학필수개념

EDTA는 탄소, 산소, 수소, 질소로 이루어진 분자인데 금속 이온과 잘 결합할 수 있는 분자야. 금속 이온과 결합할 수 있는 자리가 자그마치 6개나 되는 분자여서 금속 이온과 만나면 완전

히 둘러싸 버리지.

 금속 이온? 그런데 이런 분자를 왜 음식에 넣은 거야?

🅱 통조림 캔이나 음식물 자체에서 녹아 나오는 철이나 망간 같은 금속의 이온은 산소가 있으면 음식물을 산화시켜. 한마디로 상하게 하는 거지. 그런데 이런 금속 이온이 음식물 주변의 물에 녹아 있어도 EDTA 같은 분자로 완전히 둘러싸이면 아무것도 할 수 없어.

🔵 그러니까 EDTA 같은 분자가 금속 이온을 체포해서 꽁꽁 싸매 버린다는 거야?

🅱 그렇지. 금속 이온이 어찌어찌 EDTA와의 결합을 하나 끊었다고 쳐. 그래 봐야 다섯 군데는 여전히 붙어 있어서 도망갈 수가 없어. 또 끊어졌던 결합이 다시 생기면 또 여섯 군데가 결합되어 있으니 도망치는 것은 포기하는 게 좋지.

🔵 하하, 그렇겠네.

🅱 그리고 EDTA와 같이 금속 이온과 결합하는 분자나 이온을 리간드ligand라고 불러. EDTA처럼 하나의 리간드가 금속 이온과 여러 개의 결합을 하는 경우, 킬레이트chelate 리간드라고 불러.

🔵 근데 이거 먹어도 되는지 물었잖아?

🅱 먹어도 돼. 하지만 우리 몸은 EDTA를 소화하지는 못해.

🔵 뭐라고? 그럼 몸에 쌓여서 더 안 좋은 거 아니야?

🅱 그럴 리가! EDTA는 우리 몸에 들어가면 나중에 소변으로 몽땅

배출되니까 괜찮아. EDTA는 금속에 강하게 결합하는 성질 덕분에 다양한 곳에 쓰여. 수은과 같은 중금속에 중독되었을 때도 EDTA를 이용해서 몸에서 중금속을 제거할 수 있어. 중금속에 EDTA가 붙은 다음, 소변을 통해 배출시키는 거지.

🌀 정말?

🌀 응. 나트륨 같은 양이온이 붙어 있는 EDTA는 칼슘 이온이 많은 센물에서 칼슘을 제거하는 데도 쓰여. 비누나 세제는 EDTA를 포함하는 경우가 꽤 많아. 뿐만 아니라 치과 치료에도 쓰여.

🌀 정말? 오늘은 우리 집에 있는 제품들 중 EDTA가 어디 어디 들어 있는지 찾아봐야지. 재미있겠다.

금속을 깨무는 리간드

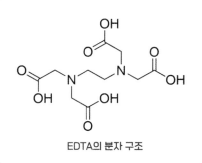

EDTA의 분자 구조   EDTA가 금속 이온(M)과 결합한 모습

EDTA는 에틸렌다이아민테트라아세트산 ethylenediaminetetraacetic acid

의 약자야. 이름이 너무 길어서 EDTA라고 부르지. 리간드가 금속과 결합할 때 리간드가 금속을 깨문다고 생각해 봐. 리간드 분자에서 금속을 깨무는 부분을 입이라고 생각하면, 입이 하나 있는 리간드도 있고, 여러 개 있는 리간드도 있어. 이때, 깨문다는 뜻을 가진 덴테이트dentate라는 단어 앞에 숫자를 나타내는 접두어를 붙여서 리간드가 몇 군데에서 금속을 깨무는지를 표현할 수 있어. 입이 하나밖에 없어서 한 군데에서 금속을 깨물면 모노덴테이트monodentate 리간드, 입이 2개여서 두 군데에서 깨물면 바이덴테이트bidentate 리간드가 되는 식이지. EDTA는 여섯 군데에서 금속 이온을 깨물기 때문에 헥사덴테이트 hexadentate 리간드라고 해.

EDTA는 우리 몸에서는 분해되지 못하고 우리 몸에 필요하지도 않아서 소변을 통해 몸 밖으로 배출돼. 다양한 제품에서 쓰이는 EDTA는 배출된 후 비생물적 과정을 통해 분해되거나 미생물에 의해 분해될 수 있어. 주로 다양한 식품과 화장품 등에 사용되지.

다양한 숫자 접두어

1: 모노 mono

2: 다이 di(또는 바이 bi)

3: 트리 tri

4: 테트라 tetra

5: 펜타 penta

6: 헥사 hexa

7: 헵타 hepta

8: 옥타 octa

9: 노나 nona

10: 데카 deca

당근은 기름에 볶으라고?

#극성 #무극성 #물 #기름 #베타카로틴

 브로콜리, 이리 와서 김치 물기 좀 빼 줘. 물기가 하나도 없어야 해.

 네네.

110

🌱 그리고 나는 밥을 준비 할 테니 브로콜리는 그거 끝나면 당근을
볶아 줘.

🌿 네네.

🌱 그만 네네 하고. 근데 당근은 기름에 볶으면 주황색이 빠져나오
는데 그게 뭐지?

🌿 베타카로틴*β*-carotene이라는 물질인데, 기름에 잘 녹아.

🌱 베타카로틴? 비타민 A의 다른 이름이었나?

🌿 정확히는 몸 안에서 베타카로틴이란 화합물이 반으로 잘려서 비
타민 A로 변하는 거야.

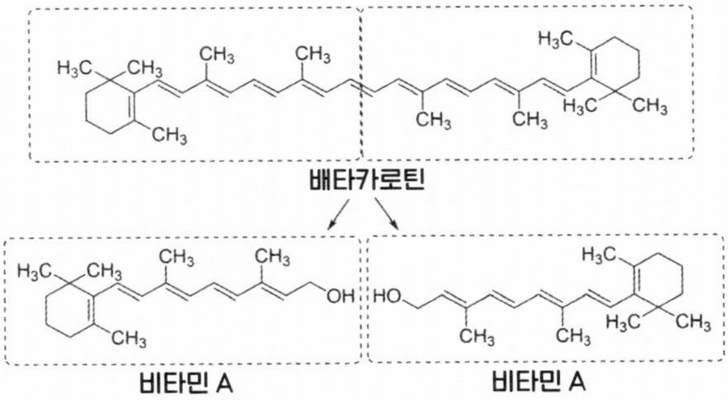

배타카로틴

비타민 A   비타민 A

🌱 어쨌든 좋은 거네. 기름에 많이 빠져나가니까 아깝다. 그럼 당근
같은 것은 생으로 먹는 게 제일 좋은 건가?

🌿 목적에 따라 다르겠지만 기름에 잘 녹는 성분이 있는 음식은 기
름으로 요리해서 먹는 것이 더 좋지. 비타민 A를 많이 섭취하고

싶으면 당근을 기름에 볶는 게 좋아. 기름에 베타카로틴이 녹아서 같이 섭취할 수 있거든. 영양분을 생각하지 않고 섬유질로 배가 부른 느낌을 받으려면 생으로 먹으면 되고.

🔵 그런데 왜 베타카로틴은 기름에 녹는 거야?

🔵 분자 세계도 유유상종이란 말이 통해. 극성 분자는 극성 분자와 잘 섞이고, 무극성 분자는 무극성 분자와 잘 섞여. 물, 암모니아, 알코올 같은 분자들은 극성 분자야. 기름, 베타카로틴, 왁스 같은 분자들은 무극성 분자고.

🔵 탄소와 수소는 전자를 좋아하는 정도가 거의 똑같아. 베타카로틴은 탄소와 수소로만 이루어져 있고, 기름도 거의 탄소와 수소로만 이루어져 있어. 그러면 이 분자 안에 있는 많은 결합이 다 무극성 결합이 돼. 무극성 결합들로만 이루어진 분자는 당연히 무극성 분자가 돼. 그래서 이 분자는 무극성이야.

🔵 무극성인 베타카로틴이 무극성 기름에 녹는 거구나. 물과 기름이 안 섞이는 것은 각각 극성, 무극성이라서 그렇고.

🔵 그런데 세상에 존재하는 많은 화합물이 넌 무극성, 넌 극성 이렇게 딱 정해지는 것은 아니야. 극성이 강한 분자부터 약한 분자까지 아주 다양하게 있어. 그래서 어중간한 극성을 가지는 분자들, 예를 들어 아세톤은 극성인 물과도 섞이고 무극성인 휘발유하고도 잘 섞여.

🔵 아세톤은 사람으로 치면 친구가 아주 많은 활발한 사람이네.

🅑 그런 셈이지.

🅒 이러다 김밥 못 만들겠다. 빨리 해야지.

🅑 그거 알아? 난 초고추장이 해주는 김치말이 김밥이 세상에서 제일 맛있어.

🅒 내 김밥이 맛있긴 하지.

채소는 무조건 생으로 먹어야 할까?

가열하면 비타민 C가 파괴된다면서 채소는 무조건 생으로 먹으려는 사람들이 있어. 영양소에는 비타민 C만 있는 것이 아니야. 몸 안에서 비타민 A로 변하는 베타카로틴과 같은 화합물은 열에도 강하고 기름에도 잘 녹아. 이런 성분은 외려 기름에 볶아야 더 잘 섭취할 수 있어. 당근을 생으로 먹으면 비타민 A는 거의 섭취하지 못하고 섬유질만 섭취해. 당근을 기름에 살짝 볶아서 김밥에 넣거나 비빔밥에 넣는 것은 비타민 A를 섭취하는 아주 좋은 방법이야. 음식에 어떤 영양소가 있는지 알고 거기에 맞는 요리법을 선택하는 게 좋지.

물에 녹는 화합물
포도당의 구조는 옆의 그림과 같아. 쌍극자 모멘트가 존재하는 여러 개의 OH를 가지고 있어서 이 분자는 물(H_2O)과 수소결합을 하여 잘 섞일 수 있어.

물에 녹지 않는 화합물
중성지방: 중성지방은 탄소와 수소로 구성된 알킬기에 따라 구조가 각양각색이야. 즉 이중 결합이 몇 개인지, 어디에 있는지, 탄소의 길이가 얼마나 긴지에

따라 구조가 달라져. 아래 그림에서 지그재그로 된 부분들은 꼭짓점마다 CH_2가 있어. 작대기가 2개 있는 부분의 꼭짓점에는 CH가 있어.

지방산

올레산(올리브 기름에서 유래)

왁스: 자동차 세차장에서 맨 마지막에 뿌리는 뜨거운 액체가 무엇인지 궁금해한 적이 있어? 그 액체가 바로 왁스Wax를 녹인 것이야. 다양한 종류의 화합물이 왁스 상태로 존재할 수 있어. 창문에 물과 섞이지 않는 왁스 코팅을 하면 비가 와도 빗방울이 또르르 굴러가서 운전하기가 편해. 세차장마다 사용하는 왁스는 다 다르겠지만 아래의 카르나우바Carnauba 왁스 같은 천연성분을 쓰는 추세로 바뀌고 있어. 이 화합물 구조의 경우, 몇 개의 -OH가 있지만 가운데에 있는 육각형 탄소 구조 때문에 물에 녹지 않아.

카르나우바 왁스(식물에서 유래)

리코펜: 리코펜lycopene은 항산화 기능을 가지는 토마토의 붉은 색소야. 아래와 같은 구조를 가져서 물에 전혀 녹지 않아. 이 화합물도 카로틴으로 분류되지만 비타민 A와는 상관이 없어.

리코펜

극성 분자와 무극성 분자

극성은 분자가 갖는 전기적 특성을 보여 주는 중요한 요소야. 이것으로 물질의 성질을 결정하기도 하지. 극성 분자는 분자 내에 전하가 고르지 않게 분포되어 있어. 마치 막대자석처럼 어느 한쪽은 양전하, 반대쪽은 음전하를 지녀서, 주위에 전기장이 있으면 각각 양극과 음극을 향해 규칙적으로 늘어서지. 반면에 무극성 분자는 전기적 극성이 아예 없거나 분자 내에 전하가 고르게 분포되어 있어서 전기장에도 반응하지 않아. 극성 분자는 물과 알코올 등에 잘 녹고, 무극성 분자는 기름이나 벤젠 등에 잘 녹아.

양념갈비는 누가 훔쳐 갔을까?

#효소 #촉매 #아밀레이스 #프로테이스 #라이페이스

오늘 저녁엔 뭘 먹을까나? 반찬이 다 떨어졌네. 아 맞다. 지난 주에 양념갈비 재워 둔 거 먹으면 되겠군. 초고추장, 내가 채소 씻고 준비할 테니까 냉장고에서 양념갈비 찾아서 베란다에서 좀 구워 줘.

오케이. 일단 버너를 준비하고요. 양념갈비도 찾았고요. 프라이팬도 예열 완료. 어? 브로콜리!

🅑 왜? 무슨 일 있어?

🅒 양념갈비가 이상해. 내 기억에 고기 덩어리가 훨씬 컸는데, 왜 이렇게 작아졌지? 뼈 주위 부분만 고기가 조금 남고 나머지는 다 사라졌어. 왜 이렇지?

🅑 뭐? 양념으로 뭘 썼어?

🅒 마트에서 파는 갈비 양념을 썼지. 그리고 지난주에 구워 먹을 때는 아무 문제 없었잖아.

🅑 혹시 거기에 더 넣은 것은 없어?

🅒 키위를 넣으면 고기가 부드러워진다고 해서 두어 개 갈아 넣었지.

🅑 아, 그거네. 키위에는 액티니데인actinidain 또는 액티니딘actinidin 이라는 단백질 분해 효소가 들어 있어. 이 효소는 우리 배 속에 있는 효소들보다 훨씬 더 빠른 속도로 단백질을 분해해. 원래 우리 몸에 있는 효소는 우리 체온과 비슷할 때 분해 속도가 가장 빠른 편인데, 액티니딘은 냉장고 안처럼 낮은 온도에서도 단백질을 잘 분해해. 우리가 고기를 너무 오래 안 먹고 둔 거야. 역시 아끼면 안 된다니까.

🅒 단백질 분해 효소면 다 같은 거 아니었어?

🅑 아니야. 단백질 분해 효소도 다양한 구조가 있어서 종류도 다양해. 효소도 단백질이거든. 그래서 여러 개의 아미노산들이 목걸

이의 구슬처럼 연결되어 효소가 되는데, 그 구슬의 종류도 다르고 목걸이 길이도 다르다고 생각하면 돼. 목걸이가 다양한 형태로 나오듯이 효소도 다양한 형태로 나오거든. 효소의 구조가 달라지면 작동하는 온도 범위도 다르고 얼마나 활발하게 일을 하느냐도 달라져.

🔵 그렇구나.

🔵 액티니딘은 시스테인cysteine이라는 아미노산 부분을 잘 자르기 때문에 육류 가공 업체에서는 고기를 부드럽게 할 때 이 효소를 써. 키위 말고도 단백질을 분해하는 효소를 가진 과일들은 많아. 파인애플, 망고, 바나나, 파파야 같은 열대과일들에 특히 많아.

🔵 다음에는 고기 양념에 키위를 넣으면 최대한 빨리 먹어야겠다. 기다렸더니 물이 되었어. 힝~.

🔵 파파야, 파인애플, 키위, 망고처럼 강력한 단백질 분해 효소가 있는 과일들은 질긴 근섬유질을 소화시켜 연하게 만드는 데 사용돼. 고기를 부드럽게 만들기에 아주 좋지. 하지만 부드러워지다 못해 너무 많이 소화되지 않게 양과 시간을 조절해야 해.

🔵 다음에 양념고기 재울 때는 다른 과일들도 써 봐야겠어. 어떤 것이 가장 적당한지 말이야.

소화 효소가 있는 식품들

망고, 바나나뿐만 아니라, 단맛이 나는 대부분의 과일에는 아밀레이스가 있어. 과일이 익는 것을 숙성된다고 하는데, 이것은 녹말에서 과당 및 포도당으로 더 많이 분해되는 것을 뜻해. 과일이 너무 많이 익어서 물러지는 것은 고체인 녹말이 더 이상 남지 않고 액체인 포도당만 남기 때문이야.

음식을 꼭꼭 씹어 먹는 과정은 침 속의 아밀레이스를 음식과 섞어 주는 과정이라고 할 수 있어. 잘 익은 과일은 이미 아밀레이스가 많이 섞여 있으니까 주스로 갈아서 마시면 소화하기 좋아. 하지만 녹말이 주성분인 곡물을 갈아 넣은 미숫가루 같은 것에는 아밀레이스가 없어. 미숫가루 음료를 그냥 마시면 씹는 과정이 생략되어 있는 상태라 소화가 잘 되지 않지. 그럴 때는 일부러 씹어서라도 침을 섞어 주는 게 좋아.

파파야, 파인애플, 키위, 망고처럼 강력한 단백질 분해 효소가 있는 과일들은 질긴 근섬유질을 소화시켜 연하게 만들기 위해 사용돼. 고기를 부드럽게 만드는 데 아주 유용하지. 단, 앞에서 이야기한 것처럼 너무 많이 소화되지 않도록 양과 시간을 조절할 필요가 있어.

꿀의 경우, 과일과는 다른 경로로 아밀레이스가 첨가돼. 꽃에 있는 꿀의 원재료는 이당류인 설탕이지만 이를 꿀벌이 아밀레이스로 소화시켜서 단당류인 포도당과 과당으로 바꾸어 저장해. 꿀벌이 꽃에서 얻은 천연 꿀이든, 사람이 사료로 준 설탕물에서 얻은 사양꿀이든, 모든 꿀은 '꽃 향기'가 조금 나느냐 안 나느냐만 다르지, 화학적으로는 똑같아.

빵 먹고 취할 수 있을까?

#효모 #설탕 #이산화탄소 #에틸알코올 #기화

 브로콜리 뭐 해? 빵 구워?

 응. 오랜만에 집에서 직접 빵 좀 구워 보려고. 파는 것은 맛은 있는데 그 안에 뭐가 들어 있는지 잘 모르니까 찜찜하기도 하고. 또 빵 굽는 것, 재미있잖아.

🔵 근데 빵 구울 때 효모yeast를 써야 부풀어 오르잖아. 설탕도 넣고. 이 설탕은 왜 넣는 거야? 맛있으라고?

🔵 효모는 설탕을 먹으면 알코올과 이산화탄소를 내어놓아. 빵 반죽을 만든 다음에 따뜻한 곳에서 반죽을 발효시키잖아. 반죽이 발효가 잘되면 술 냄새가 좀 나지 않아?

🔵 알코올이 생긴 건가!

🔵 응. 우리가 마시는 술의 성분인 에틸알코올은 효모의 작용으로 만들어져. 이제 빵을 굽기 시작하면 빵 반죽 속에 갇혀 있던 에틸알코올이 기화되어 기체가 되지. 기체는 온도가 높아지면 부피도 커지거든? 효모가 만들어 낸 이산화탄소와 에틸알코올이 기체 상태에서 부피가 더 커지면 빵 반죽 속 기체의 방들이 더 커지고 구멍이 숭숭 뚫린 빵으로 변하는 거야.

🔵 그러면 다 구운 빵에 술이 남아 있는 거 아냐?

🔵 아니. 대부분 밖으로 빠져나가 버리기 때문에 남아 있는 술 성분은 거의 없어.

🔵 그렇구나.

🔵 효모를 안 쓰고도 빵을 부풀어 오르게 할 수는 있어. 베이킹 소다를 쓰면 되는데, 베이킹 소다는 열을 가하면 탄산나트륨으로 변하면서 이산화탄소와 물을 만들어 내. 조금 전에 효모가 빵을 부풀게 한 것과 똑같은 방법으로 빵을 부풀게 하지. 그런데 베이

킹 소다는 약한 알칼리성이라 이것만 쓰면 빵 맛이 별로 좋지 않아. 그래서 베이킹 파우더에는 베이킹 소다도 들어 있고 이 베이킹 소다를 중화해 줄 수 있는 산성 물질들도 들어 있어.

$$2NaHCO_3 \longrightarrow Na_2CO_3 + H_2O + CO_2$$
베이킹 소다가 분해하여 이산화탄소를 만드는 과정

- 베이킹 파우더가 그런 원리로 빵을 부풀게 하는구나. 혹시 팬케이크 가루에도 베이킹 파우더가 들어 있을까?

- 오, 천잰데? 팬케이크나 와플 가루에도 베이킹 파우더가 들어 있어. 얘네들 덕분에 부드러운 팬케이크나 와플을 만들 수 있지.

- 이산화탄소는 참 다양하게 쓰이네. 빵 굽는 데도 쓰고, 아이스크림을 차갑게 보관하는 데도 쓰고.

- 그렇지? 이산화탄소를 가득 채운 소화기도 있어. 불이 났을 때 이산화탄소가 산소를 밀어 내면 연소 반응이 멈추니까 화재 진압에는 아주 유용하지.

더 알아보기

우리에게 도움이 되는 미생물 효모

술과 빵을 만들 때 사용하는 효모는 사실 미생물이야. 3~4마이크로미터 정도 크기의 단세포 생물이지. 동서양 거의 모든 문화권에서 술을 만들 때 효모를 사용했어. 효모는 설탕 같은 당을 먹이로 삼고, 산소가 없이도 당을 분해해 에너지로 삼을 수 있어. 또 섭씨 10~37도 사이에서 잘 자라기 때문에 술이나 빵을 발효할 때 온도 조절이 아주 중요해.

하버드 대학의 귀리 예찬

#프리바이오틱스 #프로바이오틱스 #귀리 #난소화성섬유질 #대장균

 응? 브로콜리~, 벌써 집에 와 있었어?

 응. 근처에 왔다가 바로 집으로 왔어.

초 잘했네. 그런데 뭐 하고 있었어?

브 맨날 밥만 먹는 거 같아서 스파게티 좀 만들었어.

초 오랜만에 스파게티라니 군침이 도네. 아, 그나저나 프리바이오 틱스prebiotics가 뭐야?

브 프리바이오틱스? 어디서 들었어?

초 응. 아까 엘리베이터에서 광고를 하더라고.

브 그랬군. 프리바이오틱스는 프로바이오틱스probiotics의 먹이야.

초 그게 무슨 소리야?

브 프로바이오틱스란 우리 몸에 있는 유익한 균들을 말해. 장에 사 는 유산균 같은 것들. 그리고 프리바이오틱스는 그 균들이 먹는 먹이인데, 일반적으로 당을 이야기해.

초 아하!

브 근데 만약 이 프리바이오틱스가 우리 몸에서 소화가 잘되는 당 이면 어떨까? 유산균에게 먹일 틈도 없이 우리 몸에 흡수되어 버 리겠지?

초 그러겠지.

브 그래서 소화가 잘 안 되는 난소화성 섬유질을 유산균 음료의 성 분으로 쓰는 거야. 이 난소화성 물질이 위를 통과해서 소장을 지 나고 대장까지 무사히 가는 거지. 아까 그 광고에서 유산균 음료 에 캡슐도 같이 먹는다고 그러지? 그 캡슐 속에 프로바이오틱스가 들어 있어. 즉 유산균이 들어 있는 캡슐이 또 대장까지 무사히 가게 되는 거야. 대장에서 유산균이 자신의 먹이인 프리바이오틱스를 만나서 열심히 먹고 증식을 해.

🐵 그런데, 대장균도 균이고 유산균도 균인데, 왜 유산균만 좋지?

👨 응. 우리 몸은 유산균을 잘 활용할 수 있기 때문에 그래. 유산균이 내어 놓는 젖산을 이용하여 피부도 건강하게 하고, 여성 생식기에 잡균이 침투하지 못하게 하지. 우리 몸에는 유산균뿐만 아니라 건강에 도움을 주는 다양한 균들이 있어. 유익하다고 해서 걔들을 유익균이라고 불러. 우리는 이런 유익균들과 공생하며 진화해 왔어. 유익균이 많이 살면 우리 몸의 면역체계, 소화·건강 등에 아주 좋은 영향을 줘. 우리 몸무게의 2킬로그램 정도가 실은 균의 무게야.

🐵 뭐? 내 몸의 2킬로그램이 균이라고? 내가 균덩어리인 셈이잖아!

👨 균은 우리 몸의 표면이면 어디에나 다 있어. 피부도 표면이지만 입부터 시작하여 장의 끝까지 음식물이 지나가는 곳 역시 다 표면이야. 하지만 표면이 아닌 진정한 몸의 내부에 박테리아가 있다면 그건 병이 있는 거야. 패혈증에 걸리거나 농이 생기거나 그러지. 하지만 균이라고 다 나쁜 건 아냐. 균을 죽이겠다고 살균제를 몸에 막 뿌려대는 것만큼 멍청한 짓은 없어. 우리 내장에도 피부에도 유익한 균이 많아. 유산균 같은 애들은 특히 우리 건강에 도움을 주고, 대장균은 반대로 방귀 냄새만 지독하게 하는 나쁜 애들이고.

🔵 방귀가 너무 많이 나면 나쁜 균이 많이 살 가능성이 높겠지?

🔵 꼭 그런 것은 아니지만 그럴 가능성이 크지. 우리가 먹는 섬유질 음식 중에 유익균이 잘 살게 해주는 음식들이 있어. 예를 들어 귀리나 돼지감자가 특히 그런 역할을 한다고 해. 베타글루칸beta glucan은 몸에 유익한 프리바이오틱스야. 반면 육류만 먹고 채소나 섬유질 음식을 잘 안 먹으면 대장균이 잘 살지. 우리 몸에 살수 있는 균의 양이 일정하다고 생각해 봐. 유산균이 많으면 대장균이 적어지고, 대장균이 많아지면 유산균이 적어지겠지?

🔵 음, 당장 유산균 음료 좀 사 먹자. 그리고 오늘부터 밥에 무조건 귀리 추가다.

🔵 워~워. 갑자기 왜 그래?

🔵 브로콜리 너, 방귀를 엄청 자주 뀌고 냄새도 정말 지독하거든.

슈퍼푸드의 슈퍼스타, 귀리

$$\left[\text{OH ... } \right]_n$$

귀리, 보리에 많이 들어 있는 수용성 섬유질 베타글루칸(beta glucan)

다양한 곡물 중 특히 귀리의 섬유질이 프리바이오틱스로 작용해서 인체에 유익한 균을 잘 자라게 한다고 해. 유익균을 잘 자라게 해서 인체의 면역력을 강화해 주니 슈퍼푸드로 손색이 없지. 거기에 체중 조절, 혈당 조절, 혈압 조절, 높은 단백질 함량, 변비 완화 등은 덤이야. 유산균을 매일 먹으면 대장균의 개체수를 줄이는 데 도움이 되지만, 그보다 더 중요한 것은 장내 유익균들이 잘 살 수 있는 환경을 만들어 주는 거야. 귀리 같은 섬유질 음식를 먹어서 유익균들의 먹이인 프리바이오틱스를 공급하는 것처럼.

대표적인 프로바이오틱 음식(유익균을 제공)
김치, 요구르트, 된장, 낫토, 콤부차, 피클 등
대표적인 프리바이오틱 음식(유익균의 먹이)
덜 익은 바나나, 아스파라거스, 견과류, 콩, 양파, 파, 부추, 마늘, 돼지감자, 귀리, 잎 채소 등

폭탄이 된 물방울

#이상기체방정식 #기화 #승화 #부피변화 #기체성질

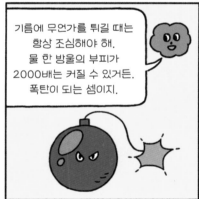

 앗, 뜨거!

 왜? 왜? 무슨 일이야?

초 새우튀김이나 좀 하려고 기름을 데우고 있었는데 물이 한 방울 들어가는 바람에 기름이 튀었어. 근데 왜 끓는 기름에 물이 들어가면 튀는 걸까?

브 보통 튀김 요리를 하려면 기름을 170~180도 정도로 데우잖아. 그 온도에서는 물이 기화되어 수증기로 바뀌어.

초 물이 100도에서 끓으니까 그런 거지? 그런 것 정도는 나도 알아. 내가 궁금한 것은 기름이 왜 이렇게 엄청나게 튀냐 이거야.

브 기체의 행동을 이해하려면 이상기체 방정식을 이용할 줄 알면 돼. 이 식을 간단하게 설명하면 부피와 온도는 비례관계에 있다는 거야.

초 기체의 부피는 온도하고 비례한다?

브 액체가 기체가 되면 부피가 아주 크게 증가하잖아? 물 18밀리리터를 180도에서 증기로 만들면 36리터 정도가 돼. 엄청나게 부피가 확 증가하는 거지.

초 어디 보자. 그러면 한 모금도 안되는 물이 2리터 페트병 18개 부피로 변하는 거네? 2000배 정도로 커지는 거구나?

브 엄청나지? 비유하자면, 뜨거운 기름 속에서 작은 기체 폭탄이 터지는 거야. 그때 기름이 같이 튀어서 위험해지는 거지. 전자레인지에 스파게티 소스 같은 것을 넣고 돌리면 사방팔방 다 튀잖아. 그것도 같은 원리야. 소스 안에 있는 물이 증발하면서 수증기 방이 생기고, 이게 압력이 높아지니까 터지는 거지.

🔵 음. 그래서 기름이 사방팔방 다 튀었구나.

🔵 아, 드라이아이스 있잖아. 아이스크림 가게에서 차갑게 보관해 가라고 주는 것.

🔵 알지. 그런데 왜 갑자기 드라이아이스?

🔵 아주 가끔 사람들이 이 드라이아이스를 이로 물고 연기를 내뿜는 장난을 치다가 삼키는 일이 생기나 봐. 드라이아이스는 고체에서 바로 이산화탄소 기체가 되어 버리는 승화를 하는데, 드라이아이스가 위에 들어가서 기체가 되어 부피가 갑자기 확 늘면 어떻게 되겠어?

🔵 그게 밖으로 나오려고 하겠지.

🔵 정답. 그런데 기체가 우리 몸에서 빠져 나오려면 식도를 타고 나와야 하잖아. 위하고 식도 사이에 막 같은 게 있는데 이산화탄소가 빨리 빠져나오려고 하면서 그게 찢어져 버리는 사고도 있었나 봐.

🔵 굉장히 위험하구나. 아주 어린아이나 강아지를 기르는 집에서는 특히 조심해야겠다.

🔵 몇 년 전에 드라이아이스 때문에 여러 사람이 목숨을 잃은 사고도 있었어. 모스크바에서 사우나를 곁들인 수영장 파티를 열었거든. 사우나를 하고 나온 사람들이 너무 덥다고 불평하니까 주최 측에서 드라이아이스를 수영장에 넣어 버린 거야. 물을 차갑게 식힌답시고. 바로 그 순간 드라이아이스가 승화를 시작했고

수영장에 이산화탄소 기체가 가득하게 된 거지. 결국 사람들이 질식해서 쓰러지고 그중 세 명인가는 목숨을 잃었어.

초 세상에, 어떻게 그런 일이…….

빈 일상생활에서도 조금은 신경 쓸 필요가 있어. 냉동식품을 사고 드라이아이스가 따라올 때도 있잖아. 그걸 집 안에 그냥 두고 환기를 안 하면 실내 이산화탄소 농도가 높아져. 그러면 피곤해지거나 두통이 생길 수 있지.

초 그런 건 신경도 안 썼는데! 앞으론 바로 밖에 내놓아야겠네.

빈 요즘 애들이 집에서 과학 실험을 하는 경우가 많은데 이런 위험에 대해서 부모들이 잘 알고 지도해야 해. 그런데 위험하다고 무조건 못하게 하는 것보다 위험을 잘 인지하고 재미있게 실험을 하도록 해주면 좋겠어. 나도 어릴 때 실험한다고 여러 번 집을 태워 먹을 뻔한 적이 있었지만 결국 과학자가 됐잖아.

이상기체 방정식 사용법

이상기체는 영어로 perfect gas 혹은 ideal gas라고 해. 즉 이상한 기체라는 뜻이 아니라 현실에는 존재하지 않는 완벽히 이상적인 기체라는 뜻이지. 이상기체 방정식은 $PV=nRT$으로 정리할 수 있는데, P는 압력(단위는 기압), V는 부피(단위는 리터), n은 몰수, R은 이상기체상수, T는 절대온도야. 이 식을 자세히 살펴보면 압력은 온도와 비례하는 것을 알 수 있어. 이를 활용하여 특정 물질의 온도에 따른 기체 상태 부피의 변화를 구할 수 있어. 식은 좀 어렵지만 한 가지만 확실히 기억하면 돼.

'섭씨 0도에서 이상기체 1몰의 부피는 22.4리터'

섭씨 0도는 절대온도 273.15도야. 절대온도의 단위는 캘빈이라고 읽고, K로 표시하는데, 섭씨 온도에 273.15를 더하면 돼. 그러면 섭씨 200도에서 이상기체 1몰의 부피는 어떻게 될까?

섭씨 200도를 K로 변환하면 절대온도 473.15도(473.15K)가 돼. 부피와 온도는 비례하니까 아래와 같이 비례식을 세우고 답을 구할 수 있어.

$$273.15:22.4 = 473.15: x \quad x = 38.8L$$

물(H_2O)의 분자량은 18그램이야. 즉 액체인 물 18그램은 1몰이며, 약 18밀리리터야. 이것이 섭씨 200도가 되면 기체 상태가 되어 38,800밀리리터(38.8리터)로 변해. 약 2100배 이상의 부피 변화가 생기는 거야.

꼭 알아야 할 용어들

용해	고체 → 액체
기화	액체 → 기체
액화	기체 → 액체
응고	액체 → 고체
승화	기체 → 고체

검게 변한 은수저 되돌리기

#녹제거 #산화 #환원 #산화환원반응 #전기화학

은수저는 조금만 관리를 안 하면 이렇게 표면이 지저분하게 되어 버리네. 그렇다고 녹을 제거한다고 거친 수세미로 빡빡 문지르면 은이 닳아 버릴 테니 그것도 아깝고.

은수저나 놋그릇은 쓰다 보면 시꺼멓게 변해. 그 이유는 음식의 황 성분과 반응해서 황화은이나 황화구리가 되기 때문이야. 이걸 없애려면 산화-환원 반응을 이용하면 돼.

산화-환원 반응을 이용한다고? 그게 가능해?

물론이지. 방법 자체는 간단해. 먼저 큰 플라스틱 용기에 은수저가 충분히 잠길 정도로 물을 부어. 그다음에 베이킹소다와 소금을 녹여. 알루미늄 포일로 은수저를 싸고 알루미늄 포일에 바늘로 구멍을 낸 다음에 소금, 베이킹소다 용액에 담가 놓고 어디 놀러 갔다 오면 끝! 수저가 많이 깨끗해져 있을 거야.

그렇게 간단하다고? 완전 마술 같네?

알루미늄 포일 표면에는 아주 얇은 산화알루미늄(Al_2O_3) 막이 있어. 베이킹소다는 염기성을 지녀서 물에 수산화이온(OH^-)이 많아. 얘네들이 산화알루미늄 막을 녹여서 없애면 금속 알루미늄이 노출되어 은수저에 접촉해.

그러면?

금속 알루미늄이 전자를 잃고 그 전자가 직접 맞닿은 은수저 표면으로 가서 황화은에 있는 은 양이온에게 전자를 줘서 은의 금속으로 변하게 만들어. 이 과정에서 은에 붙어 있던 황이 알루미늄으로 옮겨 가. 소금은 물에 녹으면 나트륨 양이온(Na^+)과 염소 음이온(Cl^-)이 되는데, 얘네들은 물에 녹으면 전기를 잘 통하게 하는 성질이 있는데 이 과정을 도와주지.

$$2Al + 3Ag_2S \; \rightleftharpoons \; 6Ag + Al_2S_3$$

초 산화-환원 반응이라. 굉장히 유용하네.

브 방금 이야기한 산화-환원 원리는 배터리가 작동하는 원리하고 같아. 차이점은 배터리에서는 산화와 환원이 따로 떨어진 공간에서 일어나고, 전극 사이에 전선이 연결되어 있다는 거야. 금속마다 전자를 잃고 싶어 하는 경향이 달라. 어떤 통을 이온이 통과할 수 있는 칸막이로 나눈 다음에 양쪽에 서로 다른 금속의 염이 녹은 물을 채운다고 생각해 봐. 그다음에 양쪽 물통에 들어 있는 양이온과 같은 종류의 금속 덩어리를 하나씩 넣고, 이 둘을 전선으로 연결하면 그게 배터리야. 전자를 잃고 싶어 하는 금속에서 전자를 받고 싶어 하는 금속 쪽으로 전자가 전선을 타고 이동해. 이런 전자의 흐름이 바로 전류인데 우리는 이 전류를 이용하여 여러 가지 일을 할 수 있지.

초 아하. 그런데 은수저의 녹을 제거할 때는 알루미늄과 은황화물이 직접 접촉했으니까 전선이 필요 없었네.

브 그렇지. 맞닿은 두 물질에서 각각 산화와 환원이 일어나 버리면 전자가 전선을 타고 흐를 수가 없어서 배터리는 만들지 못하지.

초 오호, 하지만 은의 녹을 제거하는 일은 했구나. 당장 은수저 녹 제거법을 시험해 봐야겠다.

산화 – 환원 반응

산화 반응은 다양한 유기 화합물 구조에서 산소 원자의 개수가 늘어나거나 수소의 개수가 줄어드는 반응이야. 반면에 산소 원자가 줄어들거나 수소의 개수가 늘어나면 환원이라고 생각하면 돼. 쉽게 정리하면, 산화는 "산소를 얻음, 수소 또는 전자를 잃음"이고, 환원은 "산소를 잃음, 수소 또는 전자를 얻음"이야. 흔히 금속이 녹슨다고 하는 것은 철이 산소, 물과 결합해 붉은색의 산화철이 되는 산화 과정의 결과야. 이를 막기 위해서 페인트 칠을 하거나 산화가 잘 되지 않는 다른 금속으로 씌우는 도금을 하지. 산소나 물과 접촉면을 줄이기 위해서 말이야. 음식물이 썩는 것도 산소와 반응(산화)하기 때문이고, 과일이 갈색으로 변하는 갈변도 산화의 결과야.

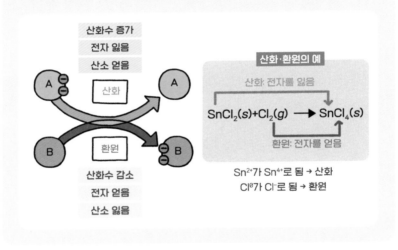

산화수 증가
전자 잃음
산소 얻음

산화

산화수 감소
전자 얻음
산소 잃음

환원

산화·환원의 예

산화: 전자를 잃음

$$SnCl_2(s) + Cl_2(g) \longrightarrow SnCl_4(s)$$

환원: 전자를 얻음

Sn^{2+}가 Sn^{4+}로 됨 → 산화
Cl^0가 Cl^-로 됨 → 환원

아연-구리 배터리의 원리

아연 금속은 산화가 되어 아연 양이온이 생기고 구리 양이온은 환원이 되어 구리 금속으로 변해. 이때 아연 전극에서 구리 전극으로 전자가 흐르면서 (빛을 낸다든지 하는) 일을 해.

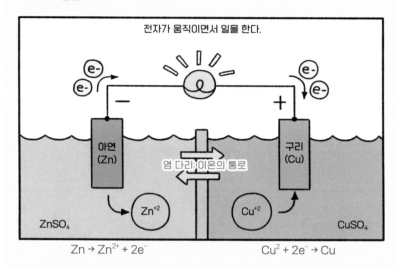

전자가 움직이면서 일을 한다.

$Zn \rightarrow Zn^{2+} + 2e^-$ $Cu^2 + 2e^- \rightarrow Cu$

전체 반응식 : $Zn + Cu^{2+} \rightarrow Zn^{2+} + Cu$

사과 주스 색이 왜 이래?

#페놀 #퀴논 #폴리페놀 #산화 #항산화물질

 초고추장, 사과 갈아서 주스 만들려고 하는데 마실래?

 응, 고마워. 너무 많이는 말고.

🅑 오케이.

🅒 브로콜리, 지금 사과 말고 뭘 더 넣은 거야? 무슨 알약 같았는데.

🅑 맞아. 비타민 C 알약을 하나 던져 넣어서 같이 갈면 갈변 현상을 막을 수 있어.

🅒 그래? 사과나 배를 잘라 놓거나 갈아 두면 금방 색이 변하잖아. 그러면 보기도 안 좋고 맛도 변해서 먹기가 싫어져. 이런 갈변 현상이 왜 일어나는 거야?

🅑 사과에는 폴리페놀polyphenol 산화효소가 있는데 사과에 들어 있는 페놀 화합물들을 산소와 반응시켜 퀴논quinone으로 변화시켜. 육각형 벤젠고리에 수산화기가 붙으면 페놀이라고 불러. 벤젠고리에 수산화기가 몇 개 붙느냐, 어디에 붙느냐에 따라 다양한 페놀이 생겨. 페놀이 산소와 반응하면 페놀에서 수소 원자들이 떨어져 나가서 퀴논 분자들이 생기는데, 이 퀴논들은 서로 결합하여 폴리페놀이라는 화합물을 만들어. 폴리페놀의 색깔이 바로 상처가 난 사과나 배에서 보는 갈색이지.

🔵 뭐가 많이 복잡하네. 어쨌든 페놀phenol이 산소를 만나 산화되면 퀴논, 폴리페놀 순서로 생기고, 폴리페놀이 되면 색깔이 나타난다는 거지?

🔵 아주 좋은 요약이야. 정확해.

🔵 사과는 왜 그런 행동을 하게 되었을까? 자기 스스로 보호하려고 그런 걸까?

🔵 맞아. 폴리페놀은 여러 가지 일을 할 수 있는데 상처받은 부분을 자외선으로부터 보호할 수도 있고, 세균 침입을 막는 코팅이 되기도 하고, 초식 곤충의 소화효소를 망가뜨리는 독이 되기도 해. 폴리페놀의 한 종류인 탄닌은 덜 익은 과일에서 떫은맛이 나게 하는데, 과일과 씨앗이 충분히 자라기 전에 동물들이 먹지 않게 하다가 과일이 다 익으면 사라진대. 식물들도 얼마나 똑똑한지!

🔵 폴리페놀이 생기는 것이 과일 입장에서는 좋은 거네. 폴리페놀이 생기는 과일이나 식물이 또 있나?

🔵 아주 많아. 찻잎이나 커피콩이 갈색으로 변하는 이유도 폴리페놀이 생겨서 그런 거야. 다양한 열매들, 예를 들어 포도, 블루베리, 석류 등 떫은맛이 좀 나는 것들은 거의 다 폴리페놀이 들어 있다고 볼 수 있어. 당연히 포도로 만드는 레드와인에는 폴리페놀이 많이 들어 있어. 와인의 떫은맛을 내는 탄닌도 폴리페놀의 일종이야.

🔵 정말 다양한 곳에 폴리페놀이 있구나. 아까 비타민 C를 넣었는데 비타민 C는 대표적인 항산화 물질이잖아.

🅱 맞아. 페놀이 퀴논으로 변하는 과정이 산화 과정이니까 항산화제를 넣어 주면 산화가 안 되지. 레몬즙에 들어 있는 시트르산이나 비타민 C가 아주 좋은 항산화제야. 사과나 배를 갈 때 레몬즙을 조금 짜 넣거나 비타민 C를 좀 넣으면 되는데 언제 레몬즙을 짜고 있어? 그냥 알약 하나 던져 넣으면 되는데.

🅲 아, 건강한 단맛이네. 아주 좋아. 이 사과 주스, 섬유질도 많고 색깔도 예쁘고.

🅱 요즘 염색 샴푸 이야기가 많이 나오지? 성분 때문에 논란은 많지만 염색을 하기 위한 방법으로는 참 똑똑한 접근법이야. 염색이 되는 원리가 바로 이 페놀이 폴리페놀이 되는 과정, 즉 갈변 현상이야. 자연을 모방하여 인간이 사용할 기술을 만든 거지. 사과가 갈변이 되는 것은 싫지만 흰 머리카락이 갈색이 되는 것은 좋잖아. 조금만 뒤집어 생각해 보면 세상에는 쓸모없는 것이 없어.

더 알아보기

비타민 C나 시트르산은 어떻게 갈변 현상을 막을까??

다시 말하지만, 갈변 현상은 폴리페놀이 생기는 과정이야. 페놀 화합물이 산화되지 않으면 폴리페놀은 만들어질 수 없어. 따라서 비타민 C와 같은 항산화물질이 페놀과 함께 있으면 페놀은 산화되지 않고 갈변 현상도 없어.

'산화 주스' 논리를 펴는 사람들이 대표적으로 꼽는 예가 바로 이 사과 주스의 갈변 현상이야. 그러나 과일에 있는 페놀이 우리 몸에 어떤 긍정적인 영향을 주는지에 대해서는 밝혀진 바가 거의 없어. 또한 페놀이 산화되어 만들어지는 폴리페놀의 경우, 건강에 도움이 된다는 주장도 있는데, 미국의 식품의약국

(FDA)은 거기에 동의하지 않아.

폴리페놀, 괜찮을까?

사과, 버섯, 상추, 아보카도 등 식물의 모든 세포에는 폴리페놀 산화효소가 들어 있다고 볼 수 있어. 상춧잎을 찢었을 때 갈색으로 변하는데 이것도 단순히 갈변 현상일 뿐이야. 사과 주스가 갈색이 되었다고 해서 건강에 문제가 생기는 것은 아니니 걱정하지 마. 떫은맛이 나는 폴리페놀이 생겼을 뿐이니까. 차나 와인에 있는 폴리페놀처럼. 아, 그리고 쇠로 만든 칼을 써서 과일이나 채소에 갈변이 일어난다는 것은 엉터리 주장이야. 나무 칼로 잘라도, 손으로 쪼개도 갈변은 일어나. 일부 식칼 제품에는 표면에 테플론 코팅을 해서 팔고 있는데, 다른 제품과 차별화를 하기 위한 마케팅의 일환일 뿐이야.

라면 먼저? 스프 먼저?

#끓는점오름 #총괄성 #끓는점오름상수 #반호프식 #화학필수개념

 다이어트 한답시고 한동안 너무 건강하게만 먹었나 봐. MSG 금단 증세가 왔어. 그런 의미에서 오랜만에 라면 어때?

 라면이라면 언제나 좋지. 라면 국물에 찬밥을 말아 먹으면 기가 막히거든! 거기에 총각김치까지 없으면…….

🔵 근데 브로콜리는 왜 맨날 라면 끓일 때 스프 먼저 넣고 끓여? 스프랑 면이랑 같이 넣고 끓여도 되지 않아?

🟣 그냥 물만 끓일 때보다 스프가 들어갔을 때 끓는 물의 온도가 조금 더 높거든. 그러면 왠지 라면이 더 빨리 익는 느낌이랄까?

🔵 그게 무슨 소리야?

🟣 물은 평소에 액체 상태의 물과 기체 상태의 물, 즉 수증기와 평형 관계에 있어. 근데 이 평형은 온도가 높아지면 높아질수록 수증기 쪽으로 움직여 가. 온도가 높아지면 습도가 높아지는 것도 같은 원리야.

🔵 그런데?

🟣 이 수증기의 압력이 딱 1기압이 되는 순간이 바로 끓는점이야. 맹물은 100도에서 끓어. 그런데 스프 속에 있는 소금을 비롯한 여러 물질들이 물에 더 녹아 있으면 어떻게 될까? 액체 물 분자가 기체 물 분자로 바뀌기 위해 탈출하려고 하는데, 그 탈출하는 길에 소금이 녹아서 생긴 나트륨 이온과 염소 이온이 막고 있으면 물이 액체에서 기체로 변하는 게 조금 더 힘들겠지?

🔵 그래서?

🟣 그래서 소금물이 끓으려면 온도가 100도보다는 좀 더 높아야 해. 그래야 수증기의 압력이 1기압이 될 수 있어.

🔵 물 분자가 탈출하려는데 소금이 길을 막고 있으니까 더 열심히 탈출하려고 하면서 온도가 높아진다는 건가? 아무튼, 그래서 얼마나 더 높아진다는 거야?

🔵 사실 별로 높아지지는 않아. 흔히 라면 1개를 끓이려면 물 400cc를 넣는데 스프는 4그램 정도가 기본이거든. 1000cc로 따지면 스프 10그램인 셈이지. 구하는 식은 좀 복잡한데 설명하자면 이래. 물의 끓는점오름 상수라는 숫자에 스프의 농도, 정확히는 물에 녹아 있는 입자들의 농도를 곱하면 돼.

🔵 아니. 얼마나 더 높아지냐니까 무슨 소릴 하는 거야? 그래서 라면 스프를 먼저 넣으면 몇 도에서 끓는 거냐고?

🔵 음. 이걸 전부 소금이라고 치고 계산하면 100.1도 정도에서 끓네.

🔵 100.1도? 이야, 무려 0.1도나 올라갔네! 대단하구먼! 아주 용암처럼 팔팔 끓겠어! 어쨌든, 면 먼저 넣고 스프 넣으면 스프도 녹잖아. 어차피 금방 같은 온도가 될 것 같은데?

🔵 죄송합니다. 그냥 아는 체하려고 그랬습니다. 확실한 건 냄비 뚜껑을 열고 끓이면 물이 줄어들고, 농도가 점점 더 높아지고, 점점 더 높은 온도에서 끓어. 뚜껑을 닫고 끓일 때보다 말이야.

🔵 됐고. 그럼 액체의 끓는점이 오르는 것은 실생활에 뭐 별로 쓸 데도 없는 거 아냐?

🔵 아냐. 내가 라면 가지고 장난삼아 이야기해서 그렇지, 실제로 굉장히 유용한 성질이야. 예를 들어 자동차의 라디에이터에 물

을 넣고 부동액을 첨가하면 물의 끓는점이 많이 올라가. 그러면 내부의 끓는 물로 인한 압력이 차서 라디에이터가 터지는 것을 방지할 수 있어.

초 웅. 다른 건?

브 과일잼이나 시럽을 만들 때 온도를 재면서 끓이면 원하는 걸쭉함을 정확히 얻을 수 있지. 설탕의 농도가 높아질수록 끓는 온도도 더 높아지잖아. 기업에서 제품을 만들어 팔 때는 제품 품질의 일관성이 참 중요한데 이런 방법으로 품질 관리를 할 수 있어.

초 오! 그렇군.

브 아, 까먹었다. 걸쭉한 소스가 끓다가 튀어서 팔뚝에 떨어지면 훨씬 더 뜨겁고 아파. 그게 다 끓는점이 100도보다 훨씬 높아져서 그런 거야. 토마토 소스를 졸인다거나 엿을 달인다거나, 과일잼을 만들 때는 특히 화상을 조심해야 해. 걸쭉해서 쉽게 떨어지지도 않으니까 화상을 크게 입을 수 있어.

초 웅. 조심해야겠다. 근데 라면은 역시 딘라면이지?

브 당근이지.

액체의 끓는점 구하는 공식

비휘발성 물질을 액체에 녹이면 액체의 끓는점이 높아지는데, 끓는점이 높아지는 정도는 다음의 식으로 구할 수 있어.

$$\text{끓는점오름} = \frac{\text{녹아 있는 물질의}}{\text{몰랄 농도}} \times \frac{\text{물의 끓는점오름}}{\text{상수}}$$

몰랄 농도라는 말은 처음이지? 용매 1킬로그램당 용질의 양(몰수)을 말해. (화합물의 질량/분자량)/용매의 질량(kg)으로 구해. 물의 끓는점오름은 다른 물질보다 작은 편이야. 라면보다 훨씬 짠 바닷물도 끓는점은 100.6도에 그쳐. 하지만 설탕은 완전히 달라. 설탕 시럽의 경우 물이 거의 다 사라진 뒤에도 그대로 계속 액체 상태를 유지하면서 가열될 수 있거든. 설탕은 186도에서 녹는데, 녹은 상태에서도 계속 가열하면 온도가 수백 도까지 올라갈 수 있어. 이러한 액체가 튀게 되면 큰 화상을 입을 수 있어.

액체	정상 끓는점 (℃)	끓는점오름 상수 (℃/m)
물	100.0	0.51
에탄올	78.4	1.22
벤젠	80.1	2.53
클로로포름	61.2	3.63
사염화탄소	76.8	5.02

끓는점오름과 어는점내림

끓는점오름은 혼합물 액체(용액)의 끓는점이 순수한 용매의 끓는점보다 높아지는 현상을 말해. 예를 들면 소금을 녹인 물의 끓는점이 순수한 물의 끓는점보다 높아지는 것을 말하지. 끓는점오름은 "용액의 끓는점 - 순수한 용매의 끓는점"으로 구할 수 있어.

어는점내림은 위와 반대의 현상이야. 소금을 녹인 물의 어는점이 순수한 물의 어는점보다 낮아지는 것을 말하지. 일반적으로 용액의 어는점은 순수한 용매의 어는점보다 낮아. 바닷물은 섭씨 0도에서도 얼지 않잖아. 어는점내림은 "순수한 용매의 어는점 - 용액의 어는점"으로 구할 수 있어.

먹는 콜라겐, 효과 있을까?

#생분해성고분자 #생체적합성 #섬유아세포 #PLLA #PLGA

광고에 나오는 배우처럼 콜라겐을 먹으면 피부가 탱탱해지려 나? 요새 바깥에서 많이 놀았더니 자외선 때문인지 자꾸 주름 이 생기는 것 같아.

저번에도 비슷한 말을 한 것 같은데, 그 배우는 콜라겐 같은 거 먹지 않고도 피부를 탱탱하게 유지할 수 있을걸? 운동 많이 하고, 식단과 수면 시간을 철저히 조절하고, 피부과에도 자주 갈 거야. 콜라겐? 그건 큰 상관없어. 콜라겐 제품을 먹어도 우리 몸은 그걸 아미노산으로 만들어 버리거든. 아미노산은 뼈로도 가고 관절로도 가. 먹은 콜라겐이 그대로 다 피부로 가는 게 아니어서 눈에 띄는 효과는 없다고 할 수 있지. 물론 그 덕분에 아미노산이 공급되는 거니까 안 먹는 것보다야 낫긴 하겠네.

그게 무슨 소리야? 콜라겐이 소용 없다고? 그럼 콜라겐은 어디로 가?

위에 들어가는 순간, 조각조각 잘려. 우리 몸은 콜라겐 같은 고분자를 그대로 섭취해서 피부로 바로 보낼 수가 없어. 아미노산으로 조각을 낸 다음에 몸속 어딘가에서 필요하다면 그걸 이용하여 새로운 단백질을 만들거나 그냥 영양소로 써서 에너지를 얻을 뿐이야. 마찬가지 원리로 엘라스틴 보충제도 먹어 봐야 똑같아. 엘라스틴도 그냥 단백질이야. 아, 참. 비타민 C는 우리 몸이 콜라겐을 생성하는 데 아주 중요하니까 충분히 섭취해야 한대.

힝. 그럼 어떡하지? 콜라겐을 먹어도 피부 미용에 별 소용이 없다는 거잖아. 요즘 콜라겐을 생기게 하는 피하주사가 있다던데 그건 어떨까? 뭘 집어넣는지도 모르고 주사를 맞으려니 좀 찜찜하긴 한데 말이야.

PLLA 주사라는 것 말이지?

😊 PLLA?

😐 응. PLLA는 폴리젖
산poly-L-lactic acid
의 약자인데, 우유
가 발효되어 요구르
트가 생길 때 유산균

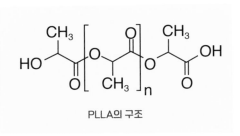

PLLA의 구조

이 젖당을 젖산으로 바꾸잖아. 그 젖산으로 이루어진 고분자가
PLLA야.

😊 콜라겐 성분이야?

😐 아니. 콜라겐은 세 가지 아미노산(글리신glycine, 하이드록시프롤린
4-hydroxy proline, 프롤린proline)이 반복적으로 구슬 목걸이처럼
연결되어 있는 아미노산의 고분자, 즉 펩타이드 세 가닥이 나선
형으로 꼬여 있는 새끼줄 같은 구조를 만든 다음에 얘네들이 또
다발을 이루는 구조를 가진 섬유야. 전혀 다르지.

😊 응? 그런데 어떻게 콜라겐이 생기는 거야?

😐 PLLA 같은 생체적합성 물질을 피하주사하면 그 주변으로 섬유아
세포라는 세포들이 온대. 이 섬유아세포가 하는 일이 세포 주변
을 둘러싸고 있는 세포외기질과 콜라겐 같은 섬유를 만드는 거
야. 생분해성인 PLLA는 서서히 이산화탄소와 물로 분해되어 사
라지고, 그 빈 자리를 우리 세포가 만들어 낸 콜라겐이 차지하는
거지. 원래 피부에는 없던 콜라겐이 생겼으니 피부에는 탄력이
생기고. 하지만 PLLA가 정확히 어떤 방식으로 콜라겐 생성을 촉

진하는지는 연구가 더 이루어져야 알 수 있나 봐.

🔵 오~!

🔵 우리 몸에 들어와도 나쁜 영향을 끼치지 않고 몸이 거부반응을 보이지 않는 성질을 생체적합성biocompatibility이라고 하고, 몸 안에서 분해되는 성질을 생분해성biodegradability이라고 하는데, PLLA는 이 두 가지 성질을 다 가지고 있어.

🔵 그렇구나.

🔵 근데 콜라겐 생성 주사까지 꼭 맞아야겠어? 나는 지금 얼굴이 자연스러워서 더 좋은데. 사람에 따라서 주사 맞고 부작용이 생기는 경우도 있는것 같던데.

🔵 음. 좀 고민해 볼게.

콜라겐의 구조를 알아볼까?

글리신, 하이드록시프롤린, 프롤린이라는 세 종류의 아미노산이 계속 반복되면서 실 같은 구조를 만들어. 이 세 가닥 실이 꼬여서 콜라겐 3중 나선 구조를 만들어서 더 굵은 실을 만들지. 이 3중 나선 구조로 이루어진 굵은 실이 다발로 모여 있는 것이 바로 콜라겐 섬유야. 콜라겐은 뼈의 구성 성분이기도 하고 힘줄의 가장 기본 단위이기도 해.

다시 말하지만, 콜라겐은 단백질이야. 뱃속에서 소화효소를 만나면 산산 조각 나서 최종적으로 원래의 구성 아미노산(글리신, 하이드록시프롤린, 프롤린)으로 바뀌어. 엘라스틴 보충제도 마찬가지야. 어른들이 좋아하는 도가니탕에

글리신   하이드록시프롤린   프롤린

젤라틴

세 종류의 아미노산이 계속 반복되면서 결합하여 실 가닥이 만들어짐

콜라겐 3중 나선 구조

위의 실 가닥 3개가 새끼줄처럼 꼬임

는 콜라겐이 듬뿍 들어 있어. 매콤한 닭발에도 많지. 물론 이 음식들을 먹는다고 콜라겐이 직접 몸에 보충되는 건 아니야. 콜라겐은 몸에서 분해되어 아미노산으로 바뀌고, 피부 세포가 콜라겐을 생성하는 셈이니까, 좋게 보면 원료를 공급하는 거라고 할 수 있지.

탄력 있는 피부를 가지려면 피부의 세포가 콜라겐을 마구마구 생산해야 해. 세포가 콜라겐을 만들려면 비타민 C가 필요하니까 음식을 골고루 잘 섭취하고 잠을 잘자고 몸이 피곤하지 않도록 하여 피부 세포의 컨디션을 좋게 유지하는 게 중요해. 다시 강조! 콜라겐을 먹는다고 바로 피부에 가는 것이 아니야. 피부 세포가 콜라겐을 만들도록 해야 해.

PLLA 주사 및 다양한 필러 시술을 할 때 주의사항

콜라겐 주사에 들어 있는 PLLA는 섬유아세포를 불러 모으는데, 이 섬유아세포들이 콜라겐을 만들어 피부에 채워. 이러한 시술을 받으면 분명 피부에 탄력을 주는 효과가 있을 수 있어. 하지만 사람에 따라 부작용이 생길 수 있지. 그래서 임신 중이거나 수유 중인 여성은 PLLA 주사를 맞거나 필러 시술은 금물이야. 태어날 유아에게 악영향을 끼칠 가능성이 있거든. 또 18세 미만의 아동청소년에게는 안전성이 보장되지 않아 다양한 부작용이 생길 수 있으니 반드시 의사와 상의해야 해.

4장

식탁,
즐거운 화학 수다

미지근한 음료수를 차갑게!

#어는점 #어는점내림 #총괄성 #반호프식 #화학필수개념

 캠핑 갈 때마다 생각하는 건데, 음료수를 냉장고에서 갓 꺼낸 것처럼 시원하게 마실 수는 없을까?

 응? 그냥 아이스박스에 얼음 넣고 같이 담아 두면 되잖아.

🔵 그렇기는 한데 맥주나 음료수를 많이 사면 아이스박스에 다 들어가지 않잖아. 얼음물에 넣어도 시원해지려면 오래 걸리고.

🔵 아, 그러니까 음료수 캔을 얼음물에 담그는 것보다 빨리 시원하게 만들고 싶다는 거구나.

🔵 응. 그게 가능할까?

🔵 당연히 가능하지. 소금하고 얼음만 있으면 돼.

🔵 소금?

🔵 빙판길에 염화칼슘을 뿌리면 눈이나 얼음이 빨리 녹잖아?

🔵 그렇지.

🔵 그 원리를 이용하는 거야. 얼음도 빠르게 액화시키면 차가워지거든. 아이스박스에 얼음과 소금을 왕창 붓고 잘 섞어 주면 얼음이 녹을 거야. 소금이 녹은 물은 온도가 아주 낮아. 심지어 온도가 영하로 내려가지. 바닷물은 영하가 되어도 안 얼지? 여기에 음료수 캔을 담그면 그냥 얼음물에 넣거나 냉장고에 넣고 기다리는 것보다 훨씬 빨리 시원해져. 영하의 차가운 액체가 캔의 표면에 직접 닿아서 아주 빨리 식힐 수 있는 거지.

🔵 오, 대단해요!

🔵 단점도 있는데 캔의 입이 닿는 부분을 깨끗하게 닦지 않으면 좀 짤 거야.

🔵 하하.

얼음과 소금으로 만든 이 차가운 물은 다양한 곳에 사용할 수 있어. 예를 들어 집에서 아이스크림을 만들어서 먹을 수도 있어. 마트에서 파는 우유 크림하고 바닐라 향, 그리고 설탕이 필요해. 얘네들을 원하는 만큼 지퍼 백에 넣고 닫아. 바닐라 말고 딸기잼이나 다른 재료를 넣어도 상관없어. 그다음 더 큰 지퍼 백에 꽝꽝 언얼음과 소금을 왕창 넣은 뒤에 이 작은 지퍼 백을 넣지. 팔이 떨어져라 열심히 흔들면 맛있는 아이스크림이 완성돼.

홈메이드 아이스크림이라……. 구미가 당기는데! 지금 그거 만들어 먹자. 아주 재미있을 것 같아.

내 팔이 떨어지라 이거지? 알았어. 집 앞의 가게에 가 볼게. 재료가 있는지.

응. 바닐라 향 시럽은 있으니 더 살 필요 없어.

그건 언제 샀어?

커피 마실 때 한 방울씩 넣어 먹거든.

아하, 알았어.

소금물은 왜 섭씨 0도보다 낮은 온도에서 얼까?

액체 상태의 물과 고체 상태의 물은 분자들의 정돈 상태에 큰 차이가 있어. 액체 상태에서는 물 분자들이 특별한 방향성 없이 모여 있는데, 고체 상태의 물은 큰 육각형을 이루며 정렬되어 있지. 액체인 물의 온도를 낮추어 물 분자의 운동

에너지를 빼앗으면 고체가 되는데, 이 과정에서 물 분자들이 정렬되는 거야. 마치 학생들이 자유롭게 놀고 있다가 수업 시간이 되면 자리에 앉는 것처럼.

학생들이 자리에 앉으려고 하는데, 만약 교실에 말벌 한 마리가 들어오면 어떻게 될까? 어수선해지겠지? 그런데 그런 말벌이 100마리가 날아들면 어떻게 될까? 난리법석이 일어나서 줄 맞춰 자리에 앉는 건 아예 불가능할 거야.

얼음이 생기는 것도 이거랑 같아. 물 분자들만 있는 상태와 물 분자에 다른 분자들이나 이온이 섞여 있는 상태를 비교해 봐. 당연히 순수한 물이 훨씬 빨리 얼 거야. 이런 이유로 물 분자에 설탕이나 소금을 녹이면 원래 물이 얼어야 하는 0도보다 더 낮은 온도에서 얼게 되는 거야.

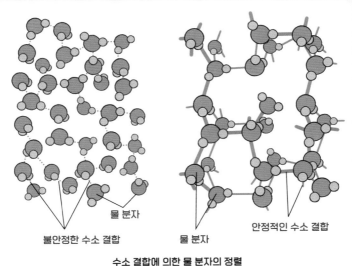

물 분자

불안정한 수소 결합

물 분자

안정적인 수소 결합

수소 결합에 의한 물 분자의 정렬

꽁꽁 얼어붙은 도로에 염화칼슘을 뿌리는 이유

설탕 분자는 물에 녹아도 그 구조가 변하지 않아. 하지만 먹는 소금의 주성분인 염화나트륨($NaCl$)은 물에 녹으면 나트륨 이온(Na^+)과 염화 이온(Cl^-)이 생겨. 염화나트륨 하나에서 2개의 이온이 생긴 거지. 그럼 염화칼슘($CaCl_2$)은 어떨까? 염화칼슘이 물에 녹으면 1개의 칼슘 양이온(Ca^{2+})과 2개의 염화 이온(Cl^-)이 생겨. 하나의 염화칼슘에서 3개의 이온이 생기는 거야. 염화칼슘 구조식 하나에서 3개의 이온이 생기는데, 이 3개의 이온들이 모두 물 분자가 정렬하는 것을 방해하고 물이 어는 것을 방해해. 이건 학생들이 자리에 앉지 못하게 방해하는 말벌 세 마리가 교실에 들어왔다는 뜻이야. 녹으면 무려 3개의 이온이 생기는 염화칼슘은 설탕이나 소금(NaCl)보다 겨울에 꽝꽝 언 도로를 녹이는 데 훨씬 효과가 좋겠지?

정수기 물통의 진실

#폴리카보네이트 #환경호르몬 #비스페놀A #플라스틱 #생수통

사무실마다 있는 정수기 말이야. 파란색 물통을 뒤집어서 쓰는 거. 요즘 환경호르몬 이야기가 많이 나오던데 그 생수통은 써도 괜찮은 거야?

논란이 있긴 해. 일반적으로 그런 큰 물통은 폴리에틸렌 테레프탈레이트polyethylene terephthalate, 흔히 PETE라고 하는 걸 안 쓰고, 더 튼튼한 폴리카보네이트polycarbonate라는 플라스틱을 쓰거든. 폴리카보네이트는 비스페놀 A bisphenol A라는 화합물이 주된 성분인데, 이 비스페놀 A라는 녀석은 아주 악명이 자자한 환경호르몬이야.

🔵 환경호르몬?

🔵 사람에게 끼치는 영향에 대해서는 논란이 계속되고 있지만 일부 생명체에 대해서는 확실히 호르몬 흉내를 낸다고 알려져 있어. 비스페놀 A는 2000년대에 들어와서 특히 이슈가 되었지. 이 비스페놀이 있어야 폴리카보네이트라는 플라스틱도 만들고, 산업에 필요한 다양한 플라스틱을 만들 수 있거든. 이 폴리카보네이트는 음식을 담는 그릇이나 물병, 심지어 아기 젖병에도 쓰여.

🔵 그럼 진짜 문제 아냐?

🔵 비스페놀이라는 물질은 물에 잘 녹지는 않아. 그리고 플라스틱에서 녹아 나오는 양은 정말 미미하거든. 이 정도의 양으로는 실제로 사람한테 얼마나 나쁜 영향을 끼치는지 연구하기도 어렵고, 그것을 증명하는 것은 더 어려워. 산업체 입장에선 이게 돈이 되니 안 만들 수는 없고.

🔵 아, 정말 찜찜하네.

🔵 그렇지? 연구 결과에 따르면, 이 물질로 만든 플라스틱이 하도 많다 보니, 아무리 조금씩 유출된다고 해도 환경 전체에 끼치는

영향을 무시할 수 없다고 경고하기도 해. 그리고 실제로 미국에서는 10개가 넘는 주에서 비스페놀을 이용하여 만든 아기 젖병을 판매하는 것을 금지했어.

🔵 그 말은, 아직 미국 대부분의 주가 이걸 사용하고, 또 우리나라를 포함한 많은 나라에서도 그대로 쓴다 이거지?

🔵 예전엔 그랬지. 다행히 우리나라에서도 2000년대부터 다양한 제품들의 비스페놀류 용출량을 점검해서 꾸준히 관리해 왔고, 2011년 10월 이후로는 젖병, 2018년 8월 이후로는 모든 영유아 용품에 비스페놀 A 사용을 금지하고 있대.

🔵 휴, 다행이다. 혹시 모르니 2018년 이전에 생산된 아기 용품이 있는지 확인해 봐야겠네.

🔵 걱정하지 마. 이미 내가 알아봤고 우리 집은 문제 없어.

🔵 오, 역시 꼼꼼한 브로콜리구먼!

🔵 하하. 근데 물을 담은 통도 문제지만 사무실에 있는 정수기는 청소를 제대로 하는지 모르겠다. 곰팡이나 세균도 무서워.

🔵 그냥 텀블러에 물을 담아 다니는 게 좋겠어.

🔵 그래. 어차피 일회용 컵 사용도 줄여야 하니까.

비스페놀 A가 궁금해!

비스페놀 A는 1891년 처음 합성된 이후 산업적으로 널리 사용되고 있는 전통적인 재료야. 여성호르몬 에스트로겐과 유사한 작용을 해서 남녀 모두에게 문제를 일으킬 가능성이 꾸준히 제기되고 있어. 특히 태아 및 영유아의 발달 장애 위험에 대한 경고의 목소리가 높아. 용출 농도가 매우 낮아서 플라스틱의 사용량이 적었던 과거에는 인체에 의미 있는 영향을 미치지 못한다는 평가가 많았는데, 플라스틱 사용량이 급속히 증가하면서 다시 문제가 되고 있어.

비스페놀 A   포스젠

$-2n$ HCl

폴리카보네이트

비스페놀 A를 재료로 하는 폴리카보네이트 합성 반응식

우리나라 식품의약품안전처는 "기구 및 용기·포장의 기준 및 규격"을 제정해서 다양한 플라스틱과 금속제 제품의 제조 기준에 비스페놀 A를 포함하는 환경호르몬들의 용출량을 검토하고 있어. 시중에 유통 중인 식품용 기구 및 용기 등에서 비스페놀류 용출량을 불시에 조사해서 전혀 검출되지 않음을 확인하는 등 품질관리에 힘쓰고 있지.

비스페놀 A가 나올 수 있는 생활 속 제품들

음식 용기 바르는 화장품 식품 샴푸 물통

어린이용 완구 붕대, 일회용 밴드 물티슈 영수증

화장지 생리대, 기저귀 가방, 의류 토양

환경호르몬이란?

환경호르몬은 내분비계 장애물질 또는 내분비 교란물질이라고도 하는데, 생명체의 정상적인 호르몬 기능에 영향을 주는 체외 화학물질을 말해. 이 물질은 인간뿐 아니라 생명체의 내분비계 기능을 변화시켜 건강을 해치는데, 그 영향이 후손에까지 이어질 수 있어. 환경호르몬은 생체 내의 호르몬과 비슷하게 작용해서 극소량으로도 영향을 미치고, 잔류성이 큰 것은 몸 안에 농축되기도 해. 심지어 매우 안정적이고 쉽게 분해되지 않아서 오랫동안 몸 안에 남아 있을 수 있어.

환경호르몬은 먹는 음식이나 호흡, 피부 접촉 등을 통해 노출될 수 있어. 농약 등에 사용하는 DDT, 쓰레기를 태울 때 발생하는 다이옥신, 납이나 수은 같은 중금속, 파라벤 같은 것이 환경호르몬이야.

신장결석을 부르는 음식 습관

#담석 #신장결석 #요산결정 #평형상수 #화학평형

 뼈는 물에 잘 녹아?

 잘 안 녹지.

🅑 그럼 왜 콜라 같은 탄산음료를 자주 많이 마시면 뼈가 녹고, 뼈 건강에 좋지 않다고 할까?

🅒 글쎄, 왜 그럴까?

🅑 흠, 그럼 질문을 바꿔 볼게. 네가 한쪽 다리를 들고 버티는 요가 자세를 하고 있어. 그때 내가 반대쪽 어깨를 지그시 누르면 어떻게 될까?

🅒 나한테 한 대 맞겠지?

🅑 앗! 그 생각은 못 했네. 하하. 어쨌든, 세상에는 수많은 종류의 화학평형이 있어. 평형이란 앞으로 더 나아가지도 뒤로 돌아가지도 않고, 그 자리에 원래 상태대로 유지하려고 하는 거야.

🅒 그런데 왜 뼈 이야기를 하다가 난데없이 화학평형이야?

🅑 뼈의 무기질**hydroxyapatite**($Ca_{10}(PO_4)_6(OH)_2$)은 주로 칼슘 양이온과 인산 음이온으로 이루어져 있어. 뼈를 물에 넣어 두면 아주 조금은 뼈의 무기질이 녹아 나와서 칼슘 양이온과 인산 음이온으로 변해. 인산 칼슘은 시소의 왼쪽에 앉아 있고, 시소의 오른쪽에는 칼슘 양이온(Ca^{2+})과 인산 음이온(PO_4^{3-})이 있다고 생각해 봐.

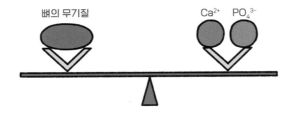

뼈의 무기질 Ca^{2+} PO_4^{3-}

🔵 응.

🔵 그런데 만약 어떤 이유로 칼슘 양이온이 사라져 버리면 시소가 인산 칼슘 쪽으로 기울겠지?

🔵 그렇게 되겠지.

🔵 인산 칼슘 중 일부가 녹아서 시소 오른쪽으로 가면 다시 평형이 맞춰지고?

🔵 그렇지.

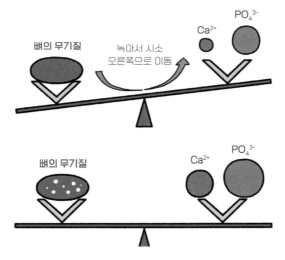

🔵 콜라가 바로 이런 일을 해. 콜라에는 많은 양의 인산 음이온이 들어 있는데, 소화기관 안에서 흡수되길 기다리고 있는 칼슘 양이온들과 반응해서 우리 몸이 흡수할 수 없는 고체 인산 칼슘을 만들어. 뼈와 평형을 이룰 수 있는 칼슘 양이온을 없애는 셈이지. 인산 음이온이 많이 들어 있는 탄산음료를 자주 마시게 되면 결

국 뼈에 칼슘 이온 공급이 원활하지 않게 되고, 뼈에 있던 인산 칼슘이 조금씩 녹아 나가는 거야. 뼈 건강을 위해서 멸치 같은 것을 먹으면서 콜라를 마시는 사람은 바보야.

🔵 아하, 그러니까 콜라의 탄산이 아니라 인산 음이온이 뼈를 녹이는 범인이구나. 그러면 인산이 없는 탄산음료를 마시면 아무 문제 없겠네?

🔵 인산이 없는 음료수가 뼈에 미치는 영향은 거의 없다고 여겨지기는 해. 하지만 탄산음료에 들어 있는 당 때문에 충치가 생길 수도 있고, 당뇨 증세가 심해질 수도 있으니 너무 자주 마시지는 않는 게 좋아.

🔵 그렇군.

🔵 이런 성질을 알면 우리 몸에 요산의 결정이나 신장결석 같은 것이 왜 생기는지도 이해할 수 있어.

🔵 응? 갑자기 이야기가 어디까지 가는 거야?

🔵 콜레스테롤이나 요산 같은 분자들은 물에 잘 녹지 않아. 이런 애들을 먹거나, 몸이 자꾸 만들어서 몸의 체액 속에 녹아 들면 어떻게 될까?

🔵 녹지 않고 자기들끼리 덩어리로 뭉친 다음, 점점 더 커질 수 있겠네. 물에 녹을 수 있는 최대 농도가 있으니까 말이야.

🔵 정답이야. 이런 분자가 몸속에 너무 많이 생기면 녹지 않고 쌓이게 되는 거야. 콜레스테롤이 쓸개 속에서 덩어리가 되어 담석

이 생기고, 바늘과 같은 요산 결정이 생겨 통풍이란 병을 일으키고, 신장 속에서 칼슘옥살레이트Calcium Oxalate라는 결정이 생겨서 신장결석이 생겨. 신장이나 방광결석은 저절로 부서져 몸 밖으로 나올 때도 있는데 어디로 나오겠어? 바로 소변이 나오는 길, 요도야. 요도의 내부를 찢어서 피가 섞인 소변을 보게 될 수도 있어.

🔵 윽! 생각만 해도 아프다.

🔵 평소에 섭취하는 음식이나 건강보조제 같은 것에 콜레스테롤 수치를 높이거나 요산이나 칼슘옥살레이트가 생기게 하는 원료가 많이 들어 있으면, 건강이 나빠질 수 있어. 인산 이온이 많이 든 음료수를 마시면 애들은 뼈가 제대로 못 자라고 어른은 골다공증이 생길 수도 있고 말이야.

🔵 맞아. 몸에 좋다고, 또는 맛있다고 과하게 먹다가 병이 생기는 경우가 많더라.

🔵 뭐든 적당히 먹으면 삶의 즐거움이지만 과하면 몸속의 화학평형이 깨져서 병이 생겨. 단백질 보충제, 칼슘 보충제 같은 것도 과하면 독이고. 건강에 좋다는 소리를 듣고 한 가지 음식만 과하게 먹으면 영양소가 결핍될 수도 있고, 몸속에 돌이 생길 수도 있어. 우리 몸속의 화학평형은 무자비한 것 같지만 어쩔 수 없어. 그냥 자연현상이야. 사람은 생명체이고 우리는 자연현상에서 벗어날 수 없어.

🔵 뭐든 과하면 안 됩니다. 몸이 건강을 유지하도록 적당히 먹고 마

십시다. 그리고 건강보조제를 너무 털어 넣지 말고, 관절이 닳지 않을 정도로 적당히 운동하고. 몸속 화학평형을 이기려고 애쓰지 마십시다. 절대 못 이기니까요.

(브) 옳소.

신장결석의 형성 원리

신장결석은 신장에 주로 칼슘옥살레이트(CaC_2O_4) 염이 쌓여서 생겨. 칼슘옥살레이트는 물에 잘 녹지 않아. 이를 물에 녹이면 아래와 같은 화학평형이 성립해.

$$CaC_2O_4 \rightleftarrows Ca^{2+} + C_2O_4{}^{2-}$$

이때 평형상수 K는 Ca^{2+}와 $C_2O_4{}^{2-}$ 농도의 곱이며 2.7×10^{-9}라는 작은 값을 가져. 즉 이 평형은 왼쪽으로 치우쳐 있지. 몸속에 옥살레이트 음이온과 칼슘 양이온이 공급되면 칼슘옥살레이트 염이 고체로 석출된다(결석이 생긴다)는 말과 같은 뜻이야.

옥살레이트 음이온은 어떤 음식에 많이 들어 있을까? 놀랍게도 우리가 건강식품으로 알고 있는 시금치, 비트, 캐슈넛, 아몬드, 된장 등에 많이 들어 있어. 만약 소변에 칼슘 이온이 높은 사람이 이런 음식을 많이 먹게 되면 칼슘옥살레이트 염이 생겨서 신장결석이 생길 가능성이 높아져.

그렇다면 거꾸로 생각해서, 신장결석이 생기는 것을 피할 수도 있어. 칼슘이 많은 음식과 옥살레이트 음이온이 많은 음식을 같이 섭취하면 녹지 않는 칼슘옥살레이트 염이 생기는데, 이것들은 몸에 섭취되지 않고 대변으로 빠져나갈 수 있어. 그러니 칼슘이 많은 유제품과 위에서 이야기한 음식을 같이 먹는 것은 신장결석을 막는 좋은 방법이 되지. 치즈와 시금치가 같이 있는 샐러드, 캐슈넛과 같은 견과류와 요거트는 궁합이 아주 좋은 음식이야.

골다공증은 왜 생기는 걸까?

골다공증은 말 그대로 뼈가 녹아 나가서 뼈 속에 구멍이 숭숭 뚫리는 현상을 말해. 여성의 임신과 폐경, 잘못된 식습관, 비타민 D 같은 영양소의 부족, 운동 부족 등 다양한 이유로 발생해. 뼈의 밀도는 달리기처럼 다리에 충격을 주는 운동을 할수록 높아진다는 연구도 있으니 식습관 관리를 잘하고 운동을 꾸준히 하면 골다공증을 예방할 수 있어.

컵라면의 역습

#스티로폼 #스티렌 #폴리스티렌 #환경호르몬 #미세플라스틱

오늘은 귀찮으니까 컵라면을 먹어야지! 룰루랄라, 맛 좋은 컵라면~. 뚜껑을 열고, 스프를 뿌리고, 팔팔 끓는 뜨거운 물을…. 가만, 컵라면 용기에 뜨거운 물을 부어도 괜찮은 걸까? 브로콜리, 도와줘!

스티로폼은 스티렌이라는 화합물의 고분자인데, 뜨거운 물을 부으면 남아 있던 스티렌이 소량이지만 녹아 나올 수 있어.

(스티렌의 분자 구조)

인체에 유해할 정도는 아니라고 하지만, 많이 먹어서 좋을 건 없겠지? 스티렌은 잠재적 발암물질이기도 하고, 환경 생태계도 해칠 수 있으니까.

앗, 발암물질? 그럼 어쩌지? 이거 큰일이네. 이미 물을 끓였으니까 그냥 오늘까지만 먹어야겠다!

으이구.

(편의점에서.)

  또 편의점 점심이다. 도무지 점심 먹을 틈이 안 생기네. 며칠 째 삼각김밥에 컵라면이야. 근데 라면 담은 용기가 스티로폼인데, 뜨거운 물을 부어도 아무 문제 없는 걸까? 일단 먹고 천천히 알아보자.

(집에서.)

 브로콜리, 컵라면 스티로폼 용기 있잖아. 라면 먹을 때마다 너무 찜찜해. 그거 진짜로 괜찮은 거야?

🐟 안 그래도 내가 말하려고 했어. 스티로폼은 스티렌styrene이라는 유기화합물의 고분자야. 폴리스티렌polystyrene으로 만든 거품 foam이라는 뜻이지. 물론 스티로폼이 만들어질 때 모든 스티렌이 다 고분자가 되는 것은 아니야. 아주 일부지만 극소량의 스티렌 분자는 스티로폼 안에 갇히게 돼. 그런데 이 스티렌 분자들은 물을 담거나 하면 조금씩 녹아 나오는 문제가 있어. 특히 라면 용기로 쓰면 뜨거운 물을 부어야 하니까, 거기서 녹는 스티렌 분자가 분명히 있을 거야.

🥦 뭔가 불안한데…….

🐟 스티렌은 잠재적인 발암물질이야. 몸에 자꾸 쌓이면 암을 유발할 수도 있다는 연구 결과도 있어. 그리고 더 심각한 문제는 여성호르몬처럼 행동하는 분자여서 남성의 생식 기능을 저하시켜서 불임이 될 수도 있고.

🥦 헉!

🐟 스티로폼은 또 가벼워서 잘 수거도 안 되고 바다로 흘러 내려가곤 해. 바다에서 미세 플라스틱으로 쪼개져서 환경 호르몬인 스

티렌을 방출하면 바다 생태계가 망가질 수도 있지.

🔵 그럼, 안 써야겠네.

🔵 그렇게만 된다면 참 좋을 텐데, 스티로폼처럼 값싸게 만들 수 있는 단열제가 별로 없어. 신선식품을 택배로 보낼 때 스티로폼이 없으면 어떻게 하겠어?

🔵 그렇네. 그런데 스티로폼 용기에 라면을 담아서 파는 회사는 많잖아? 괜찮으니까 그러는 거 아냐?

🔵 스티렌이 아주 조금은 녹아 나올 거야. 하지만 그 용기에서 스티렌이 녹아 나오더라도 우리가 인스턴트 라면을 매일 먹는 것은 아니니까 큰 걱정은 안 해도 될 거야. 매일 매끼 그렇게 먹는다면 걱정이 되긴 해. 인스턴트 식품은 환경호르몬뿐만 아니라 나트륨도 많고 당분도 많아서 좋을 것이 없다고 생각해. 편의점 음식으로 자주 끼니를 때우는 저소득층 아이들 건강이 제일 걱정돼. 인스턴트 식품 용기로 플라스틱만 한 게 없어서 기업들도 어쩔 수 없이 쓰거든.

🔵 에휴.

🔵 그런 의미에서 우리 오늘 저녁은 밥 지어 먹자. 귀리 넣은 잡곡밥에 된장찌개 어때?

🔵 최고지. 차돌박이 몇 조각 넣고 청양고추도 송송송, 오케이?

🔵 좋아!

편리하지만 위험한 스티로폼?

스티렌을 중합하여 폴리스티렌을 만든 뒤, 거품을 내어 굳힌 것이 발포폴리스티렌, 상표명 스티로폼이야. 값싸고 가공이 쉬우며 단열 성능이 뛰어난 재료지. 스티로폼은 물에 젖지 않고, 세균이나 곰팡이에 부패하지 않아서 식품 포장에도 많이 사용되고 있어. 가열하여 녹인 뒤 다시 재활용하기도 쉽지만, 재활용하지 않고 버려지면 자연적으로 거의 분해되지 않는 것이 문제야.

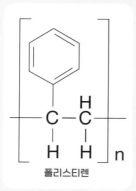

폴리스티렌

또 워낙 열에 약해. 열에 의해 변형되는 연화점이 약 75~85도밖에 되지 않아. 뜨거운 음료나 음식에 의해 가열되면 고분자 구조가 느슨해지면서 미세 플라스틱이 떨어져 나올 수 있어. 제조 과정에서 재료로 사용된 스티렌이 폴리스티렌 내부에 갇힌 채 잔류하고 있다면 이때 함께 용출된다는 것도 보고되었어.

흔히 아는 공기 거품 스티로폼 말고도 평범한 고체 플라스틱 형태의 폴리스티렌도 많이 쓰고 있어. 카페에서 뜨거운 커피를 담는 종이컵의 뚜껑, 일회용 숟가락, 포크 등이야. 다만 유해 물질이 검출되는 정도는 아주 낮은 수준이라서 식품 용기로 사용할 수 있지.

식품의약품안전처도 스티로폼 식품 용기 사용에 문제가 없다고 발표했어. 반면, 전반적으로 식품 포장용 플라스틱의 사용량 자체가 크게 늘어난 반면 유해물질 발생량은 거의 그대로라서 점점 위험해진다는 의견도 있어.

종이컵은 괜찮을까?

플라스틱 용기의 문제가 제기되면서 많은 제품이 종이 제품으로 바뀌었어. 하지만 종이컵도 겉에만 종이일 뿐이고 안쪽은 물에 젖으면 안 되니까 결국 플라스틱으로 코팅을 해. 또 플라스틱이 코팅된 종이컵은 재활용도 안 돼. 종이컵, 종이 컵라면, 일회용 종이 접시, 종이 숟가락 모두 일반 쓰레기야. 이렇게 플라스틱 코팅을 한 종이컵도 스티로폼 컵과 마찬가지로 미세플라스틱이 음식과 음료로 들어갈 수 있어.

플라스틱 컵과 종이컵 모두 물보다는 뜨거운 기름에 더 약해. 기름기 많고 뜨거운 볶음밥이나 튀김 등을 담거나 전자레인지로 가열할 때 훨씬 많은 유해물질에 노출될 수 있어.

전 이거 먹고 살 뺐어요.

#칼로리 #지방 #당 #다이어트 #기초대사랑

 브로콜리, 흑설탕이 그렇게 좋은 거야?

 무슨 소리야?

🥬 SNS에서 봤는데, 어느 다이어트 유튜버가 자기는 흑설탕으로 몸매를 유지한대. 나도 흑설탕으로 바오밥나무 몸매에서 탈출해 볼까?

🥔 아오~ 진짜! 그런 채널은 없어져야 해. 사람들은 그런 소리를 들으면 진짜인 줄 안단 말이야. 백설탕과 흑설탕은 영양학적으로 차이가 거의 없어. 그냥 색깔만 좀 다를 뿐이야. 정제가 조금 덜 된 흑설탕은 백설탕보다는 조금 더 느리게 녹기는 하지만 거의 비슷한 속도로 녹고, 몸에 들어가는 순간, 똑같은 방식으로 당 수치를 높여.

🥬 그런데 그 연예인은 왜 그렇게 날씬하지?

🥔 저 사람이 몸매를 유지하려고 투자하는 시간을 생각해 봐. 매일 하루에 몇 시간씩 운동을 할 테고, 밥이라고는 하루 종일 1000킬로칼로리도 안 되게 먹을 거야. 그런 사람들이 뭐 먹는다고 할 때 절대 현혹되면 안 돼. 자기들은 안 먹고 운동만 하면서 "저는 이거 먹고 살 뺐어요." 같은 거짓말을 하잖아. 다이어트 유튜버라면 살 빼는 게 직업이잖아. 먹고 살기 위해 안 먹는 거야.

🥬 아이러니네. 먹고 살기 위해 안 먹어야 하다니. 어쨌든 저 사람들이 '안 먹는 것'에 신경 써야 한다, 이거지?

🥔 예전에 코미디 프로그램에서 몇몇 개그맨들이 다이어트 챌린지를 해서 실제로 다이어트에 성공한 적이 있어. 근데 그 사람들은 살 빼고 나서 인기가 폭락했잖아. 한동안 텔레비전에서 안 보이다가 나중에 더 몸집이 커져서 나타나더라.

🥬 나도 봤어. 그것도 아이러니야. 이 사람들은 먹고 살기 위해 살을 찌워야 하니 말이야.

📗 사람한테는 하루에 생활하면서 써야 할 에너지의 총량이 있어. 심장이 뛰고 음식을 소화시키고 할 때 필요한 에너지지. 생존에 꼭 필요한 열량 총량이야. 하지만 그밖에도 일도 해야 하고, 머릿속에서 열심히 생각도 해야 하고, 때론 운동도 하잖아. 먹는 열량보다 쓰는 열량이 많으면 살은 빠지고, 쓰는 열량이 적으면 살이 붙겠지.

📘 그렇겠지.

📗 성인이 하루에 2000킬로칼로리 정도 섭취한다고 해보자. 그걸 음식의 양으로 따져 보면 정말 별로 안 돼. 탄수화물이 1그램에 4킬로칼로리니까 탄수화물로만 먹어도 500그램, 만약 그게 지방이면 지방 1그램에 9킬로칼로리니까 220그램. 종일 굶고 삼겹살 2인분만 구워 먹어도 그날 먹을 열량은 다 채우는 거야. 그러니 운동으로 살을 빼기는 정말 어려워.

📘 브로콜리는 그걸 잘 알면서 왜 밤늦게 뭘 자꾸 먹어?

📗 사람이 바르게만 살면 재미없잖아.

📘 아, 그러세요? 쓸데없는 소리 하지 말고 산책이나 가자.

📗 에휴, 오늘 같은 날은 치맥이 딱인데.

화학의 단위, 줄(J)

사실, 화학에서는 칼로리라는 단위 대신에 줄joule(J) 이라는 단위를 더 자주 사용해. 1칼로리는 4.184줄과 같아. 1줄은 1킬로그램의 물체를 1제곱초당미터(m/s²)의 가속도로 1미터를 움직이는 데 필요한 일(W)의 크기야. "W=fs"라는 유명한 공식이 있어. 일(W)은 힘(F) 곱하기 거리(s)를 뜻하는 거지. 힘은 질량(m)에 가속도(a)를 곱한 값(f=ma)로 나타내니까 결과적으로 W=mas인 셈이야.

어떤 사람이 50킬로그램의 물체를 1미터 높이만큼 들었다 내리는 걸 100번 반복할 때 필요한 열량을 계산해 볼까? 여기서 가속도(a)는 지구의 중력가속도 9.8제곱초당미터를 넣으면 되니까, 50×9.8×1=490에 이걸 100번 반복한다고 했으니까 답은 50×9.8×1×100=49,000줄이네. 아까 1칼로리가 4.184줄과 같고, 지방 1그램이 9킬로칼로리의 열량을 낼 수 있다고 했지?

그럼 지방 1그램은 37,656줄(4.184×9000)의 열량을 낼 수 있어. 50킬로그램의 물체를 1미터 높이만큼 100번 드는 데 필요한 열량이 49,000줄이고, 지방 1그램은 37,656줄의 열량을 내니까, 이 값을 대입하면 50킬로그램의 물체를 100번 들어 올려도 지방은 1.3그램만 연소된다는 뜻이기도 해. 그런데 사람의 에너지 효율이 약 25%라서 실제로 지방이 그것의 네 배는 필요하지. 그래 봤자 지방 5.2그램이 줄어드는 것이니까. 운동을 해도 실제로 몸에서 사라지는 지방의 양은 정말 미미한 셈이야. 그래서 살을 빼려면 무조건 적게 먹고 많이 운동하는 수밖에 없어.

칼로리와의 전쟁?

칼로리calorie는 열량을 측정하는 단위야. cal이라고 줄여 쓰기도 해. 물 1그램의 온도를 섭씨 1도 올릴 때 드는 에너지의 양을 표시하지. 물 1킬로그램은 1그램의 1000배니까 칼로리 표시도 킬로칼로리로 바뀌어. 이때는 kcal로 표시하거나 c를 대문자로 해서 Cal로 표시해. 흔히 콜라나 사이다 같은 음료수 한 캔의 열량은 165킬로칼로리야. 이 정도라면 한 20분은 죽어라 하고 뛰어야 연소시킬 수 있는 열량이야. 당분이 들어간 음료를 마시면서 다이어트에 성공하는 것은 불가능하지.

먹어도 살이 안 찌는 탄수화물

#섬유질 #수용성 #난용성 #탄수화물 #글루코오스

 아악!

왜 그래?

초 체중이 더 늘었어. 난 소가 분명해. 과일하고 채소만 먹었는데도 살이 쪄.

붕 뱃속에 소처럼 섬유질을 분해하여 포도당을 만드는 박테리아가 사는지 조사해 봐야겠군. 어쩌면 학계에 발표할 만한 놀라운 결과가 나올지도 몰라.

초 놀리지 말고! 진짜란 말이야. 대체 왜 이렇지?

붕 뭘 먹었는지 잘 떠올려 봐. 뭔가를 많이 먹고 있는 게 분명해.

초 아침에 출근하면서 베이글에 커피 한 잔. 점심에 고구마 한 개와 삶은 달걀 두 개. 아, 오후에 라테 한 잔 마셨고. 저녁에 샐러드 먹고. 그러고 나서 텔레비전을 보면서 포도 조금 먹었고.

붕 크게 문제는 없어 보이는데. 포도 조금이라면, 얼마나 먹은 거야?

초 뭐, 두 송이 정도 먹었나?

붕 하하. 드디어 범인을 찾았네! 포도 한 송이 열량이 거의 밥 한 공기 수준이거든. 포도 두 송이를 먹었으니까 저녁 먹은 뒤에 밥 두 그릇을 더 먹은 셈이네. 너무 슬퍼하지 말고 잘 들어. 과일과 채소는 적당히 먹으면 정말 좋아. 난소화성 섬유질이 풍부하고 비타민과 무기질도 많으니까.

초 그나저나 난소화성 섬유질이 뭐야? 좋다고는 하는데 뭐가 어디에 좋은 건지 모르겠어.

붕 일단, 난소화성이라는 말은, "어려울 난難" 즉 소화하기가 어려운 성질을 말해. 즉 섬유질 중에서 소화가 잘 되지 않는 섬유질을 말하지. 우리가 음식을 섭취하면서 얻는 난소화성 섬유질은 주로 탄수화물 계열이야.

초 응? 탄수화물은 먹으면 다 소화되는 것 아니었어?

ㅂ 대표적인 난소화성 섬유질이 셀룰로오스인데 이것도 글루코오스, 즉 포도당으로 만들어진 고분자야. 녹말도 글루코오스 분자들이 여러 개 모여 만들어진 고분자고. 그런데 글루코오스가 어떤 식으로 연결되는지에 따라 녹말이 되기도 하고 셀룰로오스가 되기도 하지. 사람은 녹말은 쉽게 소화시키지만 셀룰로오스는 그러지 못해. 초식동물이나 흰개미 같은 애들은 배 속에 셀룰로오스를 분해할 수 있는 박테리아들이 있어서 얘네들 도움을 받아. 셀룰로오스에서 글루코오스를 얻어서 살아가지.

초 흑, 결국 나는 소가 맞아.

ㅂ 그런데 이 난소화성 섬유질은 또 물에 녹는 애들과 물에 안 녹는 애들로 나뉘어. 물에 잘 녹는 성질을 수용성이라고 해. 보리, 귀리, 그리고 다양한 과일에는 수용성이자 난소화성 섬유질이 풍부한데 얘네들은 물을 엄청 끌어당겨서 음식물이 걸쭉해지게 만들어. 그러면 음식물이 위를 통과하는 시간이 늦어지겠지? 음식물들이 천천히 소장으로 가니까 우리 몸이 당이나 콜레스테롤 등을 흡수하는 속도도 늦어져. 이건 꽤 좋은 효과야. 오렌지 주스나 사과 주스를 만들려고 믹서기로 갈면 상당히 걸쭉하지? 이게 수용성 섬유질 때문에 그래.

초 그러면 물에 안 녹는 섬유질은 뭘 하는 거야?

🅑 다 쓸모가 있지. 녹지 않는 섬유질도 물 분자를 엄청 끌어당기기 때문에 소화기관 안에서 크게 부풀어 있어. 이러한 섬유질 안에 영양분이 갇혀 있으면 우리 몸의 소장에서 영양분을 빼내어 쓰는 것이 늦어지고, 대장 운동을 촉진해서 응가가 시원하게 나와.

🅒 그렇군. 섬유질을 많이 먹으면 결국 우리 몸이 음식물에서 영양 성분을 빼내서 쓰는 속도가 늦춰지게 되는 거네. 그러면 당 수치가 갑자기 올라가는 일도 막아 주겠고.

🅑 그런데 섬유질을 섭취하겠다고 과일이나 채소를 너무 많이 먹으면 문제가 생길 수 있어. 어떤 사람들은 사과, 배, 브로콜리, 양배추 같은 것을 먹으면 속이 너무 더부룩하고 방귀가 많이 나와서 힘들어하기도 해. 사과, 배에 있는 소르비톨이라는 분자나 양배추, 브로콜리 등에 있는 라피노스raffinose란 당 분자는 우리 몸이 소화를 잘 못 시키거든. 근데 대장에 있는 박테리아들은 얘네를 먹고 마구 번식하면서 가스를 엄청 발생시켜.

🅒 아, 그래서 다이어트 한다고 삶은 양배추를 많이 먹으면 속이 그렇게 더부룩한 거였구나.

🅑 그럴 거야. 좋다고 너무 많이 먹으면 몸에 안 좋을 수 있으니 뭐든 적당히 먹어야 해.

🅒 그래. 뭐든 적당히.

섬유질이 아닌 난소화성 탄수화물

올리고당인 라피노스와 당알코올인 소르비톨 등은 섬유질이 아닌 난소화성 탄수화물이야. 라피노스는 생강, 양배추, 브로콜리 등의 채소에, 소르비톨은 사과, 자두, 복숭아 등의 과일에 함유되어 있어. 둘 다 단맛이 나며, 소화가 쉽게 되지 않아서 혈당을 높이지 않아. 당뇨병 환자를 위해 설탕 대신 감미료로 쓰이지. 하지만 소르비톨은 물을 만나면 부피가 늘어나는 성질이 있어서 너무 많이 흡수하면 위장 장애를 일으키고 설사를 할 수 있어. 사과나 복숭아를 많이 먹으면 설사가 나는 이유가 바로 이것이야.

녹말과 셀룰로오스

녹말 또는 전분은 여러 개의 글루코오스(포도당) 분자가 결합되어 고분자 형태로 존재하는 탄수화물이야. 감자, 밀, 옥수수, 쌀 등의 곡물류에 많이 함유되어 있어. 셀룰로오스는 같은 섬유질이긴 하지만 사람은 소화시킬 수 없어. 물론 소를 비롯한 초식동물은 가능하지. 셀룰로오스를 분해할 수 있는 몸 속 박테리아 덕분에 말이지.

효소는 조립 로봇

#촉매 #활성화에너지 #에너지장벽 #운동에너지 #속도분포

촉매가 대체 뭐야? 책이나 신문을 보면 "어떤 일을 하는 데 있어서 이런 것이 촉매제가 되었다."라는 문장이 자주 나오는데, 정작 촉매가 무엇인지는 잘 모르겠어. 무언가를 빨리 일어나게 하면 촉매제라고 부르는 것 같은데.

꽤 정확해. 자기 자신은 변하지 않으면서 화학반응 속도를 변화시키는 물질을 촉매라고 불러. 자신이 변하지 않아서 화학반응을 한 후에도 계속 남아 있으니까 조금만 있어도 계속 반응 속도에 영향을 줄 수 있지. 촉매가 하는 일은 자동차 조립 로봇과 아주 비슷해.

화합물을 자동차 부품처럼 조립한다는 거야?

맞아. 자동차를 조립하려면 서로 다른 부품끼리 짝을 맞추어야 하는데, 조립 로봇은 서로 딱 맞는 부품끼리 척척 이어 붙이잖아. 짝이 맞지 않으면 이어 붙이지 못하고.

그러니까 촉매란 짝이 될 만한 화합물을 찾아서 이어 붙이는 역할을 하는 거네?

그렇지. 그리고 화합물을 쪼개 버리는 역할을 하는 촉매도 있어. 어떤 로봇은 부품들을 서로 분리할 수도 있겠지?

응.

평소에 효소 이야기를 많이 듣잖아. 효소가 바로 생체 촉매야. 음식을 먹었는데 음식물을 소화시키는 데 에너지를 많이 쓴다고 생각해 봐. 그럼 음식에서 에너지를 빼내서 쓰는 효율이 낮겠지? 아밀레이스, 펩신, 라이페이스 등 많은 분해 효소가 음식물을 쉽게 분해해 줘서 우리는 거기서 에너지를 효율적으로 뽑아 내서 살아갈 수 있어.

촉매는 뭘 만드는 데도 쓴다고 했잖아?

🔵 우리가 살아가려면 몸 안에서 여러 가지 화합물을 합성해야 해. 그런데 마구잡이로 합성하는 것보다 딱 필요한 만큼만 정교하게 만들어야 우리 몸에 무리가 안 가겠지? 그런 것이 가능하도록 우리 몸에 효소들이 있는 거야. 아주 정교한 화합물 합성 장인들이지.

🟢 대단하네. 우리 몸에서 일어나는 많은 화학반응들이 바로 효소의 작용이구나.

🔵 맞아. 이 효소가 부족하면 병이 생기기도 해. 만약 우리의 유전자가 잘못되어서 이 효소를 제대로 만들지 못하게 되면 효소가 부족해서 병이 생길 수 있어. 때로는 이 효소가 너무 잘 활동해도 문제가 생기고. 건강한 사람은 효소의 양과 활동이 잘 조절되는데, 어떤 이유로든 이런 조절이 안 되면 병이 생기는 거야. 성인병은 이런 물질대사가 원활하게 안 되어서 생기는 경우가 많아. 갑상선 항진증, 갑상선 저하증 같은 것도 갑상선 호르몬을 만드는 촉매가 제대로 작동하지 않아서 생기는 거야.

🟢 몰랐네. 혹시 집에서 조심해야 하는 촉매 반응이 있을까?

🔵 녹슨 철 가루 같은 것은 과산화수소의 분해를 촉진시켜. 집에서 작은 폭탄을 만들고 싶으면 표백제 과산화수소를 담아 둔 용기에 철 가루 좀 넣고 뚜껑을 닫아 놓으면 돼. 조금 있음 터질 거야. 그러니 표백제 같은 것에 다른 물질을 함부로 섞지 않아야겠지.

🟢 헉! 조심해야겠다.

활성화 에너지

화학반응을 일으키기 위해서는 물질 간에 꽤 강한 충돌이 일어나야 해. 이처럼 반응을 일으킬 수 있는 최소한의 에너지를 '활성화 에너지'라고 불러. 화합물이 가진 운동에너지가 이 활성화 에너지를 넘어서야만 화학반응이 진행될 수 있어. 따라서 활성화 에너지를 에너지 장벽으로 표현하기도 하지. 에너지 장벽이 높으면 반응이 쉽게 일어나지 않을 것이고, 에너지 장벽이 낮으면 반응이 쉽게 일어나.

반응 속도를 높이는 방법은 크게 두 가지로 나눌 수 있어. 하나는 온도를 높여서 분자들의 평균 에너지를 높이는 방법이고, 다른 방법은 촉매를 사용하여 활성화 에너지를 많이 낮추어서 반응이 훨씬 쉽게 일어나게 하는 거야. 1889년 화학자 스반테 아레니우스Svante Arrhenius는 실험을 통해 온도, 활성화 에너지, 반응 속도 간의 관계를 밝혀냈어.

$$k = Ae^{-E_a/RT}$$

위 식에서 k는 반응 속도 상수, A는 아레니우스 상수, E_a는 활성화 에너지, R은 기체 상수, T는 절대온도를 나타내. 즉 활성화 에너지는 작고 온도는 높아질수록 반응 속도 상수가 커지고 반응이 빨라져. 정촉매는 활성화 에너지를 낮추어 반응이 더 빨라지게 하고, 부촉매는 활성화 에너지를 높여서 반응이 더 느려지게 해.

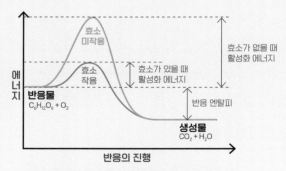

촉매(효소)로 인한 반응 속도를 나타낸 그래프 변화

정촉매와 부촉매

반응에 참여하는 화합물들은 촉매 위에 붙어서 서로 만나기 때문에 훨씬 낮은 반응의 에너지 장벽을 가질 수 있어. 그런데 어떤 촉매는 에너지 장벽을 더 높여서 반응을 더 느리게 만들기도 해. 반응이 빠르게 일어나게 하는 촉매를 정촉매, 느리게 일어나게 하는 촉매를 부촉매라고 해. 우리가 일반적으로 촉매라고 부르는 것은 정촉매야. 촉매 중에는 반응물과 함께 섞여 용액 또는 기체 속에 떠다니는 균일 촉매가 있고, 반응물과 섞이지 않는 불균일 촉매도 있어. 오존을 분해하는 프레온가스는 균일 촉매고, 배기가스인 질소 산화물을 환원시키는 금속 산화물은 불균일 촉매야.

알다시피 효소는 촉매야. 동식물은 다양한 효소를 이용하여 살아가. 인간은 아밀레이스, 라이페이스, 트립신 등을 이용해 영양분을 분해하여 에너지를 얻어.

화학과 생명

 세상은 무서운 것들로 가득 차 있는 것 같아. 방사선, 자외선, 유독성 화합물, 미세 플라스틱, 중금속, 방부제……

 그 외에도 많지. 자동차 사고, 비행기 추락, 지진, 번개……

 매일 위험 속을 헤쳐 나가고 있는 것 같아. 오늘도 테플론 코팅이 된 프라이팬을 쓰면서 이걸 써도 되는지 고민했어.

 아는 것이 힘이야. 테플론은 300도 이하에서 사용하면 안전하지만 그것보다 높은 온도에서는 분해되어서 유독한 기체를 내뿜을 수 있어. 그러니 너무 높은 온도에서만 사용하지 않으면 아무 문제 없어. 병원에서 엑스선 촬영을 하는 것도 마찬가지야. 숫자를 알면 겁을 덜 먹게 되지.

 엑스선 촬영?

 우리는 사실 매일 방사선에 노출되어 있어. 미국 원자력규제위원회(NRC)의 자료에 따르면 우리는 1년에 약 0.62렘(rem)의 방사선에 노출된대. 이 중 반 정도는 공기 중의 라돈과 우주에서 오는 방사선, 그리고 지구의 토양에서 나오고, 나머지 반은 의료 행위나 우리가 일상에서 사용하는 물건들에서 나와. 그러니 하루에 약 0.002렘 정도의 방사선에 노출되는 거지. 그 정도의 양은 우리 건강에 특별한 영향을 못 준다고 해. 흉부 엑스선 촬영을 한 번 하면 0.01렘에 노출되는데 우리가 평소 하루에 노출되는 방사선의 다섯 배에 해당하는 수치야.

그거 엄청 높은 것 아냐?

미국 질병통제예방센터(CDC)에 따르면 비행기 승무원이 1년에 2렘 이상 피폭이 안 되도록 하는 규정이 있어. 그 기준에 따르면 엑스선 촬영을 1년에 100번 정도 찍어도 승무원의 연간 피폭 허용량은 못 넘을 것 같은데?

너무 무서워할 필요는 없겠다.

안전 이야기가 나와서 말인데, 뚜렷한 과학적 근거가 없는 유사과학을 피하는 것이 훨씬 중요해. 최근에 많이 이야기되는 알칼리 이온수 같은 경우는 우리 몸의 체액이 아주 약한 염기성이기 때문에 염기성 물을 마셔 줘야 건강해진다는 식으로 이야기하거든? 그 논리에 따르면 산성 물질을 먹으면 몸이 산성이 되고, 염기성 물질을 먹으면 몸이 염기성이 된다는 것과 같아.

응? 그런 거 아니야?

전혀. 만약 그렇다면 산성인 과일을 먹으면 우리 몸이 산성이 되어 건강이 아주 나빠지겠네? 그리고 알칼리 이온수는 조금 심하게 말하면 알칼리성인 베이킹 소다나 수산화나트륨을 희석하여 먹는 것과 다를 바 없어. 우리 몸은 아주 정교하게 잘 만들어져 있어. 평형 상태에서 쉽게 벗어나지 않지. 우리 피는 완충용액이라서 뭘 먹는다고 산성, 염기성 그렇게 휙휙 변하지 않아. 만약 그렇게 변한다면 그 사람은 이미 죽은 사람일 거야.

 그럼 애초에 우리 인류가 지금처럼 번성하지도 못했겠네?

 그렇지. 또 음이온 테라피를 한답시고 모나자이트monazite라는 광물을 침대 매트리스에 코팅해서 파는 것도 큰 이야깃거리가 된 적이 있어. 모나자이트라는 광물은 라돈이라는 방사능 원소를 내뿜고, 이 라돈 기체가 붕괴하면서 높은 방사선 수치가 측정되어 문제가 되었지. 결국 건강에 도움이 되기는커녕 해를 끼치는 거야. 정리하자면, 음이온 테라피라는 유사과학이 빚어낸 한 편의 블랙 코미디야.

 브로콜리는 이 세상의 많은 물질들과 현상을 화학이라는 창으로 보는 것 같아.

 맞아. 세상은 물질로 가득 차 있어. 이 물질들이 변화하는 원리와 그것들이 행동하는 방식을 이해하고 있으면 물질 세계의 실체를 꿰뚫어 볼 수 있어. 난 초고추장이 이미 화학의 많은 언어를 이해하고 있다고 생각해. 그리고 아무거나 믿지 않고 한번은 의심해 보는 습관도 생긴 것 같아.

 맞아. 요즘은 제품 뒤에 붙어 있는 라벨을 꼭 읽어 봐. 이게 뭔가 하고.

그게 시작이야. 과장된 위험에 휘둘리지 않고 지금까지 수많은 거인들이 쌓아 온 과학에 근거하여 진실을 보는 것.

맞아. 과학이 힘이야.

난 간혹 그런 생각을 해. '아주 작은 정자와 난자의 합이었던 하나의 작은 세포가 잘 짜인 각본의 오케스트라와 같은 수많은 화학반응을 거쳐 나를 만들었구나. 지금 나는 수많은 화합물로 이루어져 있는데 그 하나하나는 무생물에 불과한 분자지만 그것들이 모여서 내가 생각하고 행동하게 만드는구나. 화합물의 상태 변화와 에너지 변화가 나의 생명 활동을 만드는구나. 언젠가는 나도 다시 단순한 원자와 분자로 변하게 되겠지.'

허무하지만 아름다운 삶이다, 그치? 별의 잔해에서 시작한 삶이 다시 우주로 돌아가는 거야. 화학이 준 고마운 생명을 잠깐 누리고 말이야. 이 소중한 생명을 더 잘 누리려면 화학을 좀 더 잘 알아야겠다는 생각이 들어.

브초 가족의
유쾌한 화학 생활

1판 1쇄 인쇄 | 2024. 10. 29.
1판 1쇄 발행 | 2024. 11. 12.

이광렬 **글** | 김병윤 김태경 **정보 글** | 애슝 **그림**

발행처 김영사 | **발행인** 박강휘
편집 김지아 | **디자인** 윤소라 | **마케팅** 이철주 | **홍보** 조은우 육소연
등록번호 제 406-2003-036호 | **등록일자** 1979. 5. 17.
주소 경기도 파주시 문발로 197(우10881)
전화 마케팅부 031-955-3100 | 편집부 031-955-3113~20 | 팩스 031-955-3111

값은 표지에 있습니다.
ISBN 978-89-349-2866-9 03430

좋은 독자가 좋은 책을 만듭니다. 김영사는 독자 여러분의 의견에 항상 귀 기울이고 있습니다.
전자우편 book@gimmyoung.com | 홈페이지 www.gimmyoung.com